海绵城市概要

崔长起 金 鹏 任 放 杨天民 编著

中国建筑工业出版社

图书在版编目(CIP)数据

海绵城市概要/崔长起等编著. —北京:中国建筑工业
出版社,2018.12
ISBN 978-7-112-22457-9

Ⅰ.①海… Ⅱ.①崔… Ⅲ.①城市-防洪工程-研究
Ⅳ.①TU998.4

中国版本图书馆 CIP 数据核字(2018)第 160338 号

责任编辑:刘爱灵
责任校对:芦欣甜

海绵城市概要

崔长起 金 鹏 任 放 杨天民 编著

*

中国建筑工业出版社出版、发行(北京海淀三里河路 9 号)

各地新华书店、建筑书店经销

北京科地亚盟排版公司制版

大厂回族自治县正兴印务有限公司印刷

*

开本:787×1092 毫米 1/16 印张:8 字数:200 千字

2018 年 9 月第一版 2018 年 9 月第一次印刷

定价:30.00 元

ISBN 978-7-112-22457-9

(32293)

崔长起

1965年毕业于哈尔滨建筑工程学院给水排水专业，一直从事给水排水专业的工程设计和技术管理工作，任职于中国建筑东北设计研究院有限公司，教授级高级工程师、常务副总工程师、资深顾问总工程师。

金 鹏

1984年毕业于天津大学给水排水专业，一直从事给水排水专业的工程设计和技术管理工作，任职于中国建筑东北设计研究院有限公司，教授级高级工程师、常务副总工程师、技术质量部总经理。

任 放

1998年毕业于哈尔滨建筑大学给水排水专业，一直从事给水排水专业的工程设计和技术工作，任职于中国建筑东北设计研究院有限公司，高级工程师。

杨天民

2012年毕业于湖南大学给水排水专业，一直从事给水排水专业的工程设计和技术工作，任职于中国建筑东北设计研究院有限公司。

前　言

2017 年 3 月 5 日中华人民共和国第十二届全国人民代表大会第五次会议的政府工作报告中宣布"继续推进海绵城市建设。"海绵城市建设上升到国家层面战略性推进。之前几年来，国务院、住房和城乡建设部屡屡发文推动和指导我国海绵城市建设，掀起海绵城市建设热潮。2015 年 4 月、2016 年 6 月住房和城乡建设部、水利部、财政部审核批准两批次 30 个城市进行海绵城市建设试点。通过海绵城市建设试点，工程界、学术界和社会各界理解和认识到以"源头减排——雨水收排——排涝除险——超标应急"的"海绵"机理，并与城市防洪做好衔接，破解"城市看海"难题，能起到海绵城市应对雨洪径流减量、削减峰值、黑臭水体治理、防涝减灾和防洪保护城市安全的目标。

海绵城市的内涵应是城市"海绵体"的因子组合，做到下雨时吸水，干旱时释水的技术措施的共同认知为：低影响开发基础设施、城市排水管渠系统、超标雨水径流排放系统和城市水利防洪保护系统相互协作完成雨洪管理。本书依此，展开对海绵建设的组合因子架构的技术关键节点和系统基础理论与实践进行归纳分析和探讨，概要阐释"海绵城市"。

我国的海绵城市建设，在很大程度上借鉴了国外一些现代雨洪管理经验。如美国低影响开发（LID），英国的可持续排水系统（SUDS），澳大利亚的水敏感城市设计（WSUD）等。但这些国家的雨洪管理经验都是在依托大管渠排水系统的前提下，强调源头设置分散式生态系统对雨水的吸纳减量，调蓄延时排放，削减径流污染物等控制雨水径流措施。这些措施技术简洁、成本低下又能取得良好的景观效果。在介绍国外先进雨洪管理技术方面，较多谈及现代城市生态基础设施雨洪管理模式体系，应用于城市景观和基础设施的海绵城市规划设计和建设中，造成人们对海绵城市内涵的模糊认知，误认低影响开发设计和建设就是海绵城市建设，忽略城市管渠排水系统不可替代的思维方式。生态基础设施管控雨洪的贡献率是很有限的，所以"海绵城市"的研究方向应更多侧重城市能以什么样的"海绵"技术措施，安全地接纳暴雨的袭击、安全地把降临的洪量渲泄的理论基础和实施方案，更有效地管控雨洪危害。

国家屡发文件推动海绵城市建设，城市开发建设应以生态保护、尊重自然、顺应自然、"在提升城市排水系统时首先考虑把雨水留下来，优先考虑更多利用自然力量排水，建设自然积存、自然渗透、自然净化的海绵城市。"所以海绵城市建设中的雨洪调蓄尽量利用城市区域和周边的水系；尽量利用城市下垫面绿地下渗雨水补充地下水资源；尽量利用植被和水系的自净能力净化径流雨水；尽量利用城市地形标高差，因势利导，重力流排水等；尽量减少人工修建的资金投入。

当前，海绵城市建设的试点和实践取得一些可喜成果，但由于发展历程较短，经验积累有限也凸显出理论基础还很薄弱，还没有形成独立的学科门类，对其内涵的释义存在较多歧义，工程设计方法尚未统一，技术路线的标准尚未完善衔接等。笔者试图通过对现有的参考文献的收集整理，再加上自己多年来在给水排水工程规划设计和技术管理所积累的经验，粗略地梳理出海绵城市相关的理论和技术，供从事研究和实践的专家学者参考。

　　本书内容是汇集大量文献资料的研究成果，对此，笔者衷心感谢被采用的文献资料的作者及参加资料收集整理工作的李雨玲高级建筑师，没有他们的辛勤工作，本书的完成几乎是不可能的。

　　由于海绵城市建设方兴未艾，本书一定存在有待商榷之处，恳请各位读者对本书提出宝贵意见。

作者

2018 年 3 月

目　录

第一篇　海绵城市综述

第二篇　海绵城市建设工程性和非工程性措施

第一篇　海绵城市综述

1　海绵城市渊源

1.1　海绵城市的起源

降水和蒸发蒸腾属自然循环状态，人类活动的本能就是想把降下的雨水挡住，不侵害人类本体，又要把降下的雨水存储一些，供人类生命活动的需要，这就是"排水、用水"最简单的一个朴素命题。人类充分发挥自己的智慧和已有的活动工具，破解这个命题（图 1-1）。而最原始的方法：在头顶上搭个草房挡住雨水，排走雨水；在草房的外面挖个窖储水，用时取水，这就是治水。

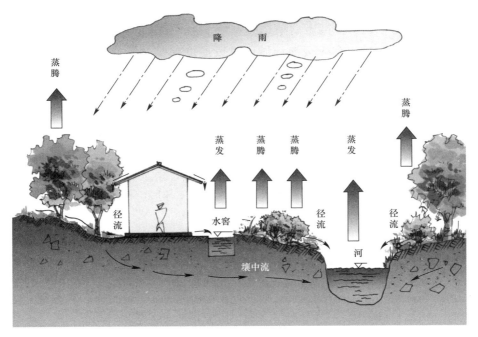

图 1-1　人与水循环和谐相处

古往今来，人们不断用智慧治水，不乏许多成功范例，如：大禹治水，都江堰分水，苏东坡杭州西湖蓄水；中华人民共和国建立后的根治淮河、海河，水库调蓄雨峰洪水，又将水库留存水供人们生活、灌溉使用，游船行驶供人们游乐观赏岸边美景……

今天的海绵城市建设，通过建立绿色雨水基础设施，采用工程和非工程措施，以

"渗、蓄、滞、净、用、排"等关键技术，达到实现城市降雨的雨洪管控、水质净化、地下水涵养、保护和恢复原生态、保护生物栖息地、缓解城市"热岛效应"的气候调节、提高城市水安全、复兴城市水文化等综合目标，构建人与自然和谐相处的友好水环境。

1.2 国内海绵城市探索

1.2.1 我国雨洪管理研究者的贡献

我国雨洪管理研究者吸取国外"城市现代雨洪管理"的理念，依据我国城镇化迅速发展需要和我国雨洪管理的技术层面与管理层面存在的不足，开展了我国城市现代雨洪管理研究，解决城市雨水问题及由此带来的城市生态、安全等综合性问题。

北京建筑大学研究团队从 1998 年开始，以我国北方城市水资源缺乏问题为导向，对城市雨水资源利用、城市径流污染、各种技术设施等方面研究，并与北京市节约用水办公室密切合作，重点探索以北京城区雨水资源化利用为主的工程项目应用，深入的研究在城市雨水相关领域全面开展，即城市径流污染输送规律及控制技术和策略，城市雨洪管理政策机制，雨水设施水量和水质控制机理，绿色建筑雨水系统等。2008 年，潘国庆等人在国内首次提出了设计降雨量和年径流总量控制率的概念及其统计分析方法，并给出全国 32 个城市的具体数值，这也是目前海绵城市建设体系的核心指标之一。同时在系统总结前期研究基础上，出版了国内首部城市雨水领域专著《城市雨水利用技术与管理》，其中提出的很多雨洪管理理论和技术为今天海绵城市建设提供重要支撑。城市雨水系统研究愈深入，其多专业、多部门合作的特性愈发凸显。在前期理论研究和实践基础上，团队重点开展了顶层设计和跨专业方法体系的研究，着重雨水系统与城市规划、生态城市、绿色建筑、景观园林、道路、绿地等系统衔接的方法体系研究。针对城市雨水管理的复杂性和系统性特征，团队提出"城市雨洪控制利用模式"与"雨水控制利用专项规划"，并在一些城市具体应用，这可视为今天城市排水防涝规划和海绵城市建设专项规划的前期探索。

他们从 1998 年研究雨水直接利用、径流污染控制、雨水综合利用、城市雨洪控制与利用（渗、滞、蓄、净、用、排），绿色雨水基础设施，到 2015 年海绵城市确立，用了近 20 年时间。

团队认为，海绵城市建设就是要建设和完善包括源头径流控制系统、城市雨水管渠系统、超标雨水内涝防治系统以及城市防洪系统的城市雨水系统，解决径流总量控制、径流峰值控制、径流污染控制和雨水资源利用等一系列城市雨水问题，进而为城市"水生态、水安全、水环境、水资源"提出必要的保障，这是海绵城市建设的核心和关键，是建立在现代雨洪管理体系基础上的，与国际雨洪管理领域也是一致的。

1.2.2 深圳实践低冲击开发理念

早在 2004 年，深圳市就引入低冲击开发理念，积极探索在城市发展转型和南方独特气候条件下的规划建设新模式。10 年来，通过创建低冲击开发示范区、出台相关标准规范和政策法规，以及加强低冲击开发基础研究和国际交流，低冲击开发模式在深圳市的应用初见成效。

1. 开展相关技术交流与研究

2004 年深圳市举办了第四届"流域管理与城市供水国际学术研讨会",深圳市水务局与美国土木工程师协会和美国联邦环保局签署包括流域管理、面污染控制和低冲击开发的技术交流与合作协议框架。深圳市光明新区低冲击开发示范区域为国家水体污染控制与治理科技重大专项"低影响开发城市雨水系统研究与示范"项目的基础研究与示范基地。通过课题研究国际交流与自身实践相结合,促进城市雨水系统建设理念从快排为主到"渗、滞、蓄、净、用、排"相结合的转变,为探索"自身可持续、成本可接收、形式可复制"的低冲击开发模式奠定基础。

2. 编制完善地方相关导则规范

在国家标准《建筑与小区雨水利用工程技术规范》GB 50400—2006 的基础上,深圳编制了一系列关于低冲击开发的地方技术规范。包括①《雨水利用工程技术规范》,适用于深圳市的建筑与小区、市政道路、工商业区、城中村、城市绿地等雨水利用工程的规划、设计、管理与维护,规定了雨水利用工程的系统组成、设施种类以及设计准则,比较详细地给出了径流污染控制、雨水入渗和雨水收集利用的设计方法,并以附录形式给出径流污染控制设施示意图;②《深圳市再生水、雨水利用水质规范》,规定了深圳市再生水,雨水利用的水源要求、利用水水质标准以及水质监测方法;③《深圳市低冲击开发技术基础规范》(在编),适用于深圳市低冲击开发及雨水综合利用工程的规划、设计、施工、管理和维护,规范要求低冲击开发设施应与项目主体工程同时设计、同时施工、同时使用。

1.2.3　创建国家低冲击开发示范区

针对我国低冲击开发建设模式缺乏规模化应用和实证的现实困境,2009 年起,深圳市政府与住房和城乡建设部开始推动深圳市光明新区低冲击开发示范区的创建工作,编制完成《光明新区低冲击开发雨水综合利用示范区整体工作方案》。2011 年 9 月,住房和城乡建设部将光明新区列为全国低冲击开发雨水综合利用示范区。示范区的具体创建工作从2010 年开始,通过典型示范项目建设和追踪后评价,逐步完善相关管理条例和技术手册,到 2020 年全面建成低碳示范区。

1.3　国外现代城市雨洪管理发展的概况

1.3.1　国外现代雨洪管理发展过程

现有文献资料中,多有介绍国外现代城市雨洪管理概况和综述,涉及现代雨洪管理发展过程。

从大量文献资料可知,世界各国的雨洪管理中,雨水管理经历了明渠管道收集排放水量控制、水质控制、生态水环境的保护等过程。城市建设的早期几乎都是将生活污水、工业废水和雨水混合在同一管渠系统,将混合的污水不经处理直接就近排入水体。该系统称为合流制排水系统。由于合流制排水系统将未经处理就排放,使受纳水体遭到严重污染,为了消除水体污染,将污水分离出来引进污水处理设施处理后排放,雨水也单独被排放到水体,这种排水体制称为分流制排水。人们注意到雨污分流制管理系统会导致下游河道洪水及河道冲刷。

20 世纪 50 年代末，美国城市雨水的管理理念还是"排放"，20 世纪 70 年代开始意识到"以排为主"的方式不足以解决城市雨水造成的水体污染、城市洪涝等一系列问题，为了更好地保护水环境，又开始考虑用场地滞留调节雨水的理念来解决雨水排放问题，随着人们对水环境质量的要求提高，不仅对点源污染源进行处理，也开始重视雨水带来的面源污染，将污染严重的初期降雨雨水截流引进污水处理厂处理排放。雨水控制也由水量控制进入水质控制时期，形成工程性和非工程性综合控制管理雨洪的新理念。在雨洪管控发展过程中，各国也出现了一些富有典型意义的管控模式，如：20 世纪 70 年代美国颁布第一个关于雨洪滞留的法案。开始运用调节、滞留等最佳管理措施（BMPS）；20 世纪 90 年代美国各州意识到雨水源头管理的价值远大于后期治理，又将雨水管理理念和技术由（BMPS）逐渐向低影响开发（LID）源头控制转变。这期间还出现英国可持续排水系统（SUDS）；澳大利亚的水敏感城市设计（WSUD）；德国洼地-渗渠系统（MR）新西兰的低影响开发城市设计（LID）；德国则构建起较为完备的法规体系，其导向表现为优化生态环境，维护生态平衡。

2012 年 4 月，在"2012 低碳城市与区域发展科技论坛"中，我国首次提出"海绵城市"概念；《住房和城乡建设部城建司 2014 年工作要点》提出更新的"建设海绵型城市"；2014 年 10 月发布《海绵城市建设技术指南—低影响开发雨水系统构建（试行）》，指出海绵城市能够像海绵一样，在适应环境变化和应对自然灾害等方面具有良好的"弹性"，下雨时吸水、蓄水、渗水、净水，需要时将蓄存的水"释放"并加以利用。

1.3.2 美国最佳管理措施（BMPS）

最佳管理措施（BMPS）是美国 20 世纪 70 年代提出的雨水管理技术体系。它针对暴雨径流控制、土地侵蚀控制、非点源污染控制等雨水综合管理决策体系，也更为强调与自然条件（植物、水体）结合的生态设计和非工程性的管理办法。

BMPS 体系包括工程性措施和非工程性措施两个部分。工程性措施是对污染物扩散途径和过程控制以及终端治理，主要包括滞留池、渗透设施、雨水塘、雨水湿地、生物滞留设施以及过滤设施等源头控制和处理；非工程性管理措施则指各种源头控制或污染预防的行政法规和管理措施，如：土地使用规划，城市环境管理、街道清扫、垃圾管理等，它可以有效控制污染物并且减少工程性措施的需要。但 BMPS 需要大块的土地和比较高的费用，因而应用范围受到限制。

1.3.3 英国可持续城市排水系统（SUDS）

可持续城市排水系统模式（SUDS）是英国为解决传统排水体制产生的多发洪涝、水体污染和环境破坏问题，将长期的环境和社会因素纳入城市排水体制及排水系统中，综合考虑径流水质和水量、城市污水和再生水、社区活力和发展需求、为野生生物提供栖息地、景观潜力和生态价值等因素，从维持良性水循环的高度对城市排水系统和区域水系进行可持续设计和优化，通过综合措施来改善城市整体水环境的模式。SUDS 由四个等级组成管理体系：管理与预防措施、源头控制、场地控制以及区域控制。其中管理与预防措施和源头控制处于最高等级，也就是规划设计中，尽量首先通过管理和预防措施在社区管理和小范围内（家庭）进行雨水的截流处理，预防径流的产生和污染物排放；其次是对径流和污染物进行源头控制；最后是较大的下游场地控制和区域控制（图 1-2），对来自不同源头、不同场地的径流统一管理。SUDS 强调从径流产生到最终排放的整个链带上对径流分级削减、控制，而不是通过管理链的全部阶段来处置所有的径流。SUDS 也分为工程性措施和非工程性措施。工程性措施根据雨水过程分为源头控制、场地控制、区域控制三个等级，具体技术措施为：①过滤带或过滤沼泽；②可透水地面；③渗透系统；④滞留盆地和池塘。它们都本着对雨水进行就地处理的原则，用沉淀、过滤、吸附和生物降解等自然过程，对地表水提供不同程度的处理。非工程性措施为：最佳管理实践主要是管理和预防措施，它包括减小铺装面积、清扫道路和教育等。

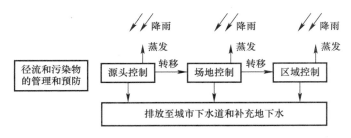

图 1-2　SUDS 雨水径流管理链

1.3.4　澳大利亚水敏感城市设计（WSUD）

水敏感城市设计（WSUD）是澳大利亚从 20 世纪 90 年代以来，针对传统城市排水系统所存在的问题发展起来的一种雨水管理模式和方法。强调城市设计应减少城市化带来巨大影响。城市雨洪管理计划的制定、决策和实施管理，需要由水文和水利工程、环境工程、水文生态和水资源管理，城市规划、景观设计的多学科以及包括政府、开发商和市民的利益主体共同完成。

水敏感城市设计的基本原则，是对饮用水、废水和雨水进行综合考虑，保护现有的自然特征和生态系统；维持汇水区的自然水文条件；保护地表和地下水的水质；降低管网系统的建设；减水排放到自然环境中的污水量；将一系列雨水、污水技术与景观相结合，保护敏感的城市水系的健康，并提升城市在环境、游憩、美学、文化方面的价值。通过减少地表径流和洪峰流量，增加场地雨水滞留和降低不透水面积来削减洪峰流量。

在 WSUD 的雨水管理系统中，具体的技术措施及体系与 BMPS 类似。WSUD 体系提出了一系列将雨水管理纳入城市规划设计和景观设计的实施途径和措施，旨在改变传统的城市规划设计理念，实现城市雨水管理的多重目标。

WSUD 综合了最佳管理实践（BMP）和最佳规划实践（BPP）的优点，使城市水系统管理和城市规划与景观设计二者结合并使之优化。

常用设施：

1. 雨水收集器：收集的雨水可用于厕所冲洗、户外灌溉。
2. 垃圾过滤器：用来过滤雨水系统里的固体垃圾（直径大于 5mm 的固体垃圾）的装置。
3. 渗滤系统：用上层土壤对雨水进行过滤。但该系统受土壤渗透率的局限。

4. 生物滞留系统：用植被作为媒介来过滤水中的污染物，该系统通常作为景观的一部分，它主要包括生物滞留洼地和生物滞留盆地两种。生物滞留洼地是上部植被和下部的排水管道组成的，水被植被过滤后会进入下部的排水管道（盲管）；而生物滞留盆地则只有上部植被，没有运输水的功能。与渗滤系统相比，生物滞流系统对土壤的要求较为宽松。

5. 人工湿地：人工湿地的规模将利用植被、渗滤系统和生物滞留系统等模拟自然湿地。人工湿地的规模也可以很小，比如庭院里的小湿地。

6. 屋顶绿化、透水路面、人工湖泊等。

所有这些设施都是充分利用雨水，减少雨洪高峰对现有设施和环境的压力，并且尽可能和景观相结合，最终达到最优化处理。

1.3.5 德国洼地——渗渠系统（MR）

德国是最早对城市雨水采用政府管制制度的国家，目前已经形成针对低影响开发的雨水管理较为系统的法律规定、技术指引和经济激励政策。在政府引导下，目前德国的雨洪利用技术已经进入标准化。

1. 通过制定各级法律法规引导水资源保护和雨水综合运用

德国的联邦水法、建设法规和地区法规以法律条文或规定的形式，对自然环境的保护和水的可持续利用提出明晰的要求。联邦水法以优化生态环境、保持生态平衡为政策导向，成为各州制定相关法规的基本依据。1986年的水法将供水技术的可靠性和卫生安全性列为重点，并在第一条中提出"每一用户有义务节约用水"，以保证水供应的总量平衡，约束公民行为。1995年德国颁布了欧洲首个"室外排水沟和排水管道标准"，提出通过雨水收集系统尽可能地减少公共地区建筑物底层发生洪水的危险性。1996年，在水法的补充条款中增加了"水的可持续利用"理念，强调"为了保证水的利用率，要避免排水量增加"，实现"排水量零增长"。在此背景下，德国建设规划导则规定："在建设项目用地规划中，要确保雨水下渗用地，并通过法规进一步落实"。虽各州的落实方式不同，但都规定：除了特定情况外，降水不能排放到公共管网中；新建项目的业主必须对雨水进行处置和利用。

2. 积极推广三种雨水利用方式。

德国雨水利用技术经过多年发展已经日渐成熟，目前德国的城市雨水利用方式主要有三种：一是屋面雨水集蓄系统，收集的雨水经简单处理后，达到杂用水标准，主要用于家庭、公共场所和企业的非饮用水，如街区公寓的厕所冲洗和庭院浇洒。二是雨水截污与渗透系统，道路雨洪通过下水道排入沿途大型蓄水池或通过渗透补充地下水。德国城市街道雨洪管道口均设有截污挂篮，以拦截雨洪径流携带的污染物。城市地面使用可渗透地砖，以减小径流。行道树周围以疏松的树皮、木屑、碎石、镂空金属盖板覆盖。三是生态小区雨水利用系统，小区沿着排水道修建可渗透浅沟，表面植有草皮，供雨水径流时下渗。超过渗透能力的雨水则进入雨洪池或人工湿地，作为水景或继续下渗。

3. 采用经济手段控制排污量

为了实现排水管网的径流量零增长的目标，在国家法律法规和技术导则的指引下，各城市根据生态法、水法、地方行政费用管理等相关法规，制定各自的雨水费用，（也称为管道使用费）征收标准。并结合各地降水状况、业主所拥有的不透水地面面积，由地方行政主管部门核算并收取业主应缴纳的雨水费。此项资金主要用于雨水项目的投资补贴，以鼓励雨水利用项目的建设。雨水费用的征收有力促进了雨水处置和利用方式的转变，对雨水管理理念的贯彻有重要意义。

4. 建立统一的水资源管理机制

德国对水资源实施统一的管理制度，即由水务局统一管理与水务有关的全部事项，包括雨水、地表水、地下水、供水和污水处理等水循环的各个环节，并以市场模式运作，接受社会的监督。这种管理模式保证了水务管理者对水资源的统一调配，有利于管理水循环的每个环节，同时又促使用水者合理、有效地用好每一滴水，使水资源和水务管理始终处在良性发展中。

1.3.6   低影响开发（LID）

低影响开发是在 BMPS 的实践中发展起来的城市雨水管理的新概念，它于 1990 年最早由美国马里兰州乔治王子县提出在源头采用分散式、小尺度的技术体系对雨水径流源头进行控制，最大限度地减少和降低土地开发导致的场地水文变化及其对生态环境的影响，即通过低影响开发措施的设置作用，该场地开发前后的水文条件基本不变，甚至能超过开发前的水文条件。LID 设计通常需要综合渗透、滞留、储存、过滤及净化等多种控制技术措施。

LID 体系也包含工程性措施和非工程性措施。工程性措施主要有：生物滞留池或雨水花园、植被浅沟、植被过滤带、洼地、绿色屋顶、透水铺装、种植器、蓄水池、渗透沟、干井等；非工程性措施，包括街道和建筑的合理布局，增加植被面积和可透水路面面积等。LID 具有适应性强，造价和维护费用低，运行维护简单、多功能景观等优点，已经被美国、加拿大、日本等一些国家应用于城市基础设施的规划、设计与建设领域。

低影响开发（LID）的现代雨洪管理措施启示我国雨洪管理研究人员，通过他们的研究结合我国国情将这一技术推广、应用到我国城镇化建设上来，也取得较好效果，也起了一个很形象的名字"海绵城市"。

2 我国海绵城市建设

2.1 海绵城市建设背景

2.1.1 快速城市化建设带来雨洪管理问题

近年来，我国城市化建设快速发展，给城市雨洪管理带来如下问题：

1. 城市建设规模扩大，建设用地不断扩大，挤掉大量植被，开山毁林，粗放的过度开发建设破坏了城市许多生态环境，造成水土流失；城市建筑、广场、道路等硬化地面扩大甚多，显著改变原有的水文生态过程。

2. 由于城市用地紧张，大量的填湖造地、河流截弯取直、造湖锁口、泄洪滩地建房等，造成大规模的城市水面面积缩减，原有生态破坏，滞洪、调蓄能力大幅度减小，影响了降雨的截留、下渗、过滤及其产汇流过程、面污染去除净化。

3. 由于大量硬化地面的存在，大幅度降低地下土壤降雨入渗，阻断了雨水的自然渗透及补给地下水的有效通道，使地下水储存量越来越少，很难维持生活和工农业生产的用水需求，使经济可持续性发展受到影响。

4. 由于城市建设规模扩大，旧城原有的排水管网能力本来就设计标准低，管道截面小，排水流量小，结果是旧城改造硬化地的增大，造成径流峰值增大，管道排水不及时，使道路、城区地面积水浸渍；还有甚者是旧城区排水管网多为合流制排水，结果径流峰值造成冒溢雨水夹带大量污水，严重污染城区环境。

5. 由于施工、管理维护不善，新建管道堵塞，老旧管道破坏、淤积，使排水管道严重通水不畅，雨水溢出地面造成涝灾。

6. 湖泊、河流、湿地等水面减小，城市生态环境遭到破坏，使城市原有的动植物生态种群大幅度减退，使城市绿色的、动态的、生机勃勃的空间格局窒息暗淡。

造成上述问题的根源是粗放式开发建设，间接反映在粗放式雨洪管理模式和体制滞后于城市发展，城市雨洪管理基础设施仍固守城市排水管渠的低标准建设，以排水为主的雨洪管理设计理念，缺少相应的利用自然雨洪调蓄设施，加剧城市暴雨内涝的频频发生。

2.1.2 洪涝灾害发生实况

一项针对 351 个城市的调查显示，2008 到 2010 年间，超过 6 成被调查城市发生过内涝，内涝发生严重影响人们平静生活环境和城市有序运行，见表 2-1。

2012 年 7 月 21 日北京发生特大暴雨灾害，全市受害人口 160.2 万人，造成经济损失达 116.4 亿元，死亡 79 人。2013 年 9 月 13 日上海暴雨致 80 多条路段积水超 20cm，地铁2 号线全部停运。

洪涝灾害实况 表 2-1

时间	城市	灾害主要情况
2010.5	广州	5 月 17 日 118 处水浸，5 月 14 日又产生 99 处水浸
2011.6.17	武汉	82 处路段积水，交通严重瘫痪
2011.6.23	北京	道路交通瘫痪，29 处积水点，2 人丧生
2011.7.3	成都	城区内上百处积水至水膝部和半米水深，2 人遇难
2010.7.12	南京	暴雨致雨花台区花神大道严重积水，最厚达 80cm
2012.5.12	南昌	积水严重，持续强降雨造成公路水毁损近 300 万元
2012.5.2	武汉	暴雨造成城市交通多处瘫痪
2013.5.15	厦门	5 人死亡，多处严重积水，经济损失 2500 多万元
2013.7.7	武汉	全市多处积水，交通受阻，经济损失 2.5 亿元
2013.8.30	深圳	2 人死亡，100 多处水浸，直接经济损失 5000 万元

河北邢台 2016 年 7 月 19~21 日发生连续强降雨，造成洪涝灾害涉及全部 21 个县市区，受灾人口 167.8 万人，倒塌房屋 28483 间，严重损坏房屋 8284 间，一般损坏房屋 16962 间，因灾造成经济损失 10 亿元，造成 34 人死亡，13 人失踪。邢台市西部山区大面积山洪暴发，水库暴涨，河道满溢，行洪区被淹，滞洪区滞洪。邢台市开发区受灾严重的大贤村，7 月 19 日晚七里河决堤，由于局地强降雨形成的洪峰致七里河决堤，共造成 17 人死亡、1 人失踪。七里河洪水给邢台市经济开发区造成重大人员伤亡和财产损失，其原因是七里河到大贤村段的河道突然变窄，河道被积土堵塞，没有疏通，在暴雨来临时一触即发，七里河水漫溢冲进大贤村，造成灾害。

2.1.3 海绵城市提出

城镇过度开发建设造成水资源短缺、水污染严重、内涝频发、生态环境恶化，严重影响城镇建设可持续发展；又"大雨看海，雨后即旱"也使百姓每每不满，面对这一系列问题，我国雨洪研究的学者们，通过对国内雨洪管理的短板和对国外先进雨洪管理方法，如：美国的"最佳管理措施（BMPS），""低影响开发（LID）"，英国的"可持续城市排水系统（SUDS）"，澳大利亚的"水敏感城市设计（WSUD）"等理论和实践的研究，提出"海绵城市"发展的新理念，新方式和新模式。建设海绵城市就是要转变城市传统的开发模式，从粗放的建设模式向生态绿色文明的发展方式转变。"海绵城市"的理念和建设模式由此应运而生。

2012 年 4 月，在"2012 低碳城市与区域发展科技论坛"中，"海绵城市"概念首次提出，2013 年 12 月 12 日，习近平总书记在《中央城镇化工作会议》的讲话中强调"提升城市排水系统时要优先考虑把有限的雨水留下来，优先考虑更多利用自然力量排水，建设自然积存、自然渗透、自然净化的海绵城市。"2014 年 10 月住房城乡建设部发布的《海绵城市建设技术指南——低影响开发雨水系统构建（试行）》中，则对"海绵城市"的概念给出明确的定义：即海绵城市是指城市能够像海绵一样，在适应环境变化和应对自然灾害等方面具有良好的"弹性"，下雨时吸水、蓄水、渗水、净水，需要时将蓄存的水"释放"并加以利用。

2.2 国家层面战略要求

海绵城市建设现在发展到我国国家层面战略要求，建设"自然积存、自然渗透、自然净化"的海绵城市，推进海绵城市建设。中共中央、国务院、住房和城乡建设部连续发布有关文件，指导加强海绵城市规划建设、雨洪管理，防水质污染、环境和生态保护，排水防洪涝的功能和一些量化的工作指标。

2.2.1 国家文件

国务院办公厅《关于做好城市排水设施建设工作的通知》国办发〔2013〕23号（2013年3月25日），要求2014年前，要在摸清现状基础上，编制完成城市排水防涝设施规划，力争用5年时间完成排水管网的雨污分流改造，用10年左右的时间，建成较为完善的城市排水防涝工程体系。

2013年6月住房和城乡建设部发文《城市排水（雨水）防涝综合规划编制大纲》（建城〔2013〕98）要求编制内容为：一规划背景与现状概况；二城市排水防涝能力与内涝风险评估；三规划总论（包括规划依据、规划原则、规划范围、规划期限、规划目标、规划标准、系统方案）；四城市雨水径流控制与资源化利用；五城市排水（雨水）管网系统规划；六城市防涝系统规划；七近期建设规划；八管理规划；九保障措施。

国务院《关于加强城市基础设施建设意见》国发〔2013〕36号（2013年9月6日）要求积极推行低影响开发建设模式，将建筑、小区雨水收集利用、可渗透面积、蓝线制定与保护等要求作为城市规划许可和项目建设的前置条件，因地制宜配套建设雨水滞渗、收集利用等削峰调蓄设施。加强城市河湖水系保护和管理，强化城市蓝线保护，坚决制止因城市建设非法侵占河湖水系的行为，维护其生态、排水防涝和防洪功能。完善城市防洪设施，健全预报预警、指挥调度、应急抢险等措施，到2015年，重要防洪城市达到国家规定的防洪标准。全面提高城市排水防涝、防洪减灾能力，用10年左右时间建成较完善的城市排水防涝、防洪工程体系。

《城镇排水与污水处理条例》已经2013年9月18日国务院第24次常务会议通过，自2014年1月1日起施行。条例规定：应当根据城镇人口与规模、降雨规律、暴雨内涝风险等因素，合理确定内涝防治目标和要求，充分利用自然生态系统，提高雨水滞渗、调蓄和排放能力。要结合城镇用地性质和条件，加强雨水管网、泵站以及雨水调蓄、超标雨水径流排放等设施建设和改造。新建、改建、扩建市政基础设施工程应当配套建设雨水收集利用设施，增加绿地、砂石地面、可渗透路面和自然地面对雨水的滞渗能力，利用建筑物、停车场、广场、道路等建设雨水收集利用设施，削减雨水径流，提高城镇内涝防治能力。当地政府应当根据当地降雨规律和暴雨内涝风险情况，结合气象、水文资料，建立排水设施地理信息系统，加强雨水排放管理，提高城镇内涝防治水平。

国务院2015年4月2日以国发〔2015〕17号文发布《水污染防治行动计划》要求到2030年全国七大重点流域水质优良比例总体达到75％以上，城市建成区黑臭水体总体得到消除。积极保护生态空间；城市规划区范围内应保留一定比例的水域面积；留足河道、湖泊和滨海地带的管理和保护范围；积极推动新建公共建筑安装建筑中水设施；积极推行低影响开发建设模式，建设滞、渗、蓄、用、排相结合的雨水收集利用设施；新建城区硬化地面要有渗透面积 40% 以上；加强水生态保护；全力保障水生态环境安全；整治城市黑臭水体，采取控源截污、垃圾清理、清淤疏浚、生态修复等措施，加大黑臭水体治理力度；保护水和湿地生态系统，加强河湖水生态保护，科学划定生态保护红线；提高水生物多样性。

水利部关于《推进海绵城市建设水利工作的指导意见》强调：充分认识水在海绵城市建设中的重要作用，尊重规律，因地制宜。综合考虑城市地形地貌、降水径流、水资源、洪涝灾害、河湖水系分布等自然地理特点，以及城市功能定位、发展建设布局、水利基础设施等因素，坚持问题导向，合理确定海绵城市建设水利工作的目标、指标和对策措施，推动城市发展与水资源水环境承载力相协调。

海绵城市建设水利工作的主要任务：制定海绵城市建设实施方案；严格城市河湖水域空间管控；因地制宜做好河湖水系联道通；推进城市水生态治理和修复；建设雨水径流调蓄和承泄设施；完善城市防洪排涝体系；强化城市水资源管理与保护；加强城市水源保障和雨洪利用；做好城市水土保持与生态清洁水流域治理。

2.2.2 海绵城市建设指南

住房城乡建设部 2014 年 10 月发布的《海绵城市建设指南——低影响开发雨水系统构建（试行）》提出，海绵城市建设——低影响开发雨水系统的构建的基本原则，规划控制目标分解、落实及其构建技术框架，明确了城市规划、工程设计、建设、维护及管理过程中低影响开发雨水系统构建的内容、要求和方法，并提供了我国部分实践案例。

国务院关于《推进海绵城市建设的指导意见》国办发〔2015〕75 号（2015.10.11）指示各有关方面积极贯彻新型城镇化和水安全战略有关要求，有序推进海绵城市建设试点，在有效防治城市内涝、保障城市生态安全等方面取得了积极成效，为加快推进海绵城市建设，修复城市水生态、涵养水资源，增强城市防洪能力，促进人与自然和谐发展，要求通过海绵城市建设，最大限度地减少城市开发建设对生态环境的影响，将 70% 的降雨就地消纳和利用。到 2020 年，城市建成区 20% 以上的面积达到目标要求；到 2030 年城市建成区 80% 以上的面积达到目标要求。统筹发挥自然生态功能和人工干预功能，实施源头减排、过程控制、系统治理，切实提高城市排水、防涝、防洪和防灾减灾能力。

2.2.3 海绵城市建设试点

财政部、住房和城乡建设部、水利部分别于 2015 年 4 月 2 日评审确定：迁安、白城、镇江、嘉兴、池州、厦门、萍乡、济南、鹤壁、武汉、常德、南宁、重庆、遂宁、贵安新区和西咸新区 16 个市区，2016 年 2 月 25 日启动 2016 年海绵城市建设试点工作，于 2016 年 4 月 27 日评审确定：福州、珠海、宁波、大连、玉溪、深圳、上海、庆阳、西宁、固原、三亚、青岛、天津和北京 14 个城市，共计 30 个市区为海绵城市建设试点。

国务院关于《加强城市地下管线建设管理指导意见》国发办【2014】27 号（2014 年 6 月 3 日），强调加大老旧管线改造力度，推进雨污分流管网改造和建设，暂不具备改造条件的，要建设截流干管，适当加大截流倍数。加强改造维护，消除安全隐患。

中共中央国务院关于进一步加强城市规划建设管理工作的若干意见（2016 年 2 月 6

日）要求营造城市宜居环境；推进海绵城市建设；充分利用自然山体、河湖湿地、耕地、林地、草地等生态空间，建设海绵城市，提升水源涵养能力，缓解雨洪内涝压力，促进水资源循环利用。鼓励单位，社区和家庭安装雨水收集装置。大幅度减少城市覆盖地面，推广透水建材铺装，大力建设雨水花园、储水池塘、湿地公园，下沉式绿地等雨水滞留设施，让雨水自然积存、自然渗透、自然净化，不断提高城市雨水就地蓄积、渗透比例，恢复城市自然生态。制定并安装生态修复工作方案，有计划有步骤地修复被破坏的山体、河流、湿地、植被，积极推进采矿废弃地修复和再利用，治理污染土地，恢复城市自然生态。优化城市绿地布局，构建绿地系统，实现城市内外绿地连接贯通，将生态要素引进市区。建设森林城市。推行生态绿化方式，保护古树名贵资源，广植当地树种，减少人工干预，让灌草合理搭配，自然生长。鼓励发展屋顶绿化、主体绿化。进一步提高城市人均公园绿地面积和城市建成区绿地率，改变城市建设中追求高强度开发、高密度建设、大面积硬化的状况，让城市更自然、更生态、更有特色。推进大气污染治理。强化城市污水治理，加快城市污水处理设施和改造，加强配套管网建设，提高城市污水收集能力，整治城市黑臭水体，强化城中村、老旧城区和城乡接合部污水截流、收集、抓紧治理城区污水、河湖水等污染严重的现象。

2014年3月16日新华社发布中共中央国务院印发《国家转型城镇化规划（2014—2020年）》（简称《规划》）全文，印发通知指出，《规划》是今后一个时期指导全国城镇化健康发展的宏观性、战略性、基础性规划。《规划》中要求加强城镇水源地保护与建设和洪水设施改造与建设，确保城镇供水安全。加强防洪设施建设，完善城市排水与暴雨外洪内涝防治体系，提高应对极端天气能力。

住房和城乡建设部2016年3月11日发文通知公布《海绵城市专项规划编制暂行规定》指出海绵城市专项规划是建设海绵城市的重要依据，是城市规划的重要组成部分，依据海绵城市建设目标，针对现状问题，因地制宜确定海绵城市建设实施路径。老城区的问题为导向，重点解决城市内涝、雨水收集利用、黑臭水体治理等问题；城市新区、各类园区、成片开发区以目标为导向，优先保护自然生态本底，合理控制开发强度。

2015年7月10日住房和城乡建设部发布《海绵城市建设绩效评价与考核办法（试行）》通知，规定了《海绵城市建设效果评价办法与指标》按水生态、水环境、水资源、水安全、制度建设及执行情况、显示度六个方面，包括6大类别、18项指标考核。具体指标为：一．水生态：控制年径流总量、恢复河湖水系生态岸线、保持地下水位稳定、缓解城市热岛效应。二．水环境：地表水系杜绝黑臭现象，地下水水质不低于Ⅲ类或较建设前不恶化，有效控制雨水径流污染，合流制管渠溢流污染。三．水资源：加大污水再生利用，加大雨水收集利用，控制管网漏损。四．水安全：显著减轻积水程度，有效防范城市内涝：饮用水水源地、自来水厂出厂水、管网水和龙头水等水质达到国家标准要求。五．制度建设及执行情况：建立相关建设规划的管理制度和机制，划定管理蓝线、绿线，制定技术规范和标准，建设投融资、PPP制度机制，吸引社会资本参入、落实政府责任、考评建设成果，促进相关企业发展。六．形成连片、达标的海绵城市建设区域。

2017年3月5日上午9时第十二届全国人民代表大会第五次会议李克强总理在《政府工作报告》中指出：统筹城市地上地下建设，再开工建设城市地下综合管廊2000公里以上，启动清除城区重点易涝区段三年行动，推进海绵城市建设，使城市既有"面子"，更有"里子"。

2017 年 5 月，住房城乡建设部和国家发展改革委员会发布"全国城市市政基础设施建设""十三五"规划，指出：城市市政基础设施是新型城镇化的物质基础，也是城市社会经济发展，人居环境改善，公共服务提升和城市安全运转的基本保障。构建布局合理、设施配套、功能完备、安全高效的城市市政基础设施体系，对于扎实推进新型城镇化、确保"十三五"时期全面建成小康社会具有重要意义。提出保障排水防涝安全，坚持自然与人工相结合，地上与地下相结合，构建"源头减排、雨水收排、排涝除险、超标应急"的城市排水防涝体系，并与城市防洪做好衔接。注意城市黑臭水体治理工程，海绵城市建设工程。

2.3　海绵城市建设目标

海绵城市建设的总目标是实现对雨洪控制、水体污染控制、防御洪涝灾害、提高雨水资源化利用率和城市生态修复等综合目标，实现城市可持续发展。

为此，国务院关于《推进海绵城市建设指导意见》（国发办〔2015〕75 号）部署推进海绵城市建设，有明确的目标和时间表。其核心目标是将城市 70% 的降雨就地消纳和利用。围绕这个目标，制定了详细的时间表，到 2020 年，城市建成区 20% 以上面积达标；到 2030 年城市建成区 80% 以上建成区要达标。具体目标是：

1. 低影响开发雨水系统年径流总量控制率理想状态下，径流总量控制目标应以开发建设后径流排放量接近开发前自然地貌时的径流排放量为标准。

2. 径流峰值控制目标。是为保障城市安全，达到城市防洪、涝治理的要求。

3. 径流污染控制目标。污染物指标可采用悬浮物（SS）、化学需氧量（COD）、总氮（TN）、总磷（TP）等。考虑径流污染物变化的随机性和复杂性，径流污染控制目标则通过径流总量来控制实现。

4. 径流污染综合控制目标。指分流制径流污染物总量和合流制溢流的频次或污染物总量。各地应结合城市水环境质量要求、径流污染特征等确定径流污染综合控制目标。

2.4　海绵城市建设雨洪控制系统构架

海绵城市建设的宗旨是对自然界降雨量（暴雨量）的径流过程采用"源头减排—雨水收排—排涝除险—超标应急"的城市排水防涝体系，并与城市防洪系统衔接的逐级控制的原理达到海绵城市建设的目标。

这样，海绵城市"海绵体"的建设和完善应包括源头径流减排的"低影响开发雨水系统"的基础设施、径流传输控制的"城市雨水管渠排水系统"技术设施、系统治理的"超标雨水内涝防治系统"和"城市防洪保护系统"的技术措施构成的城市雨水系统，来解决径流总量控制、径流传输控制、径流峰值控制、径流污染控制和雨水资源化利用等一系列城市雨水问题，进而为城市"水生态、水安全、水环境、水资源"提供必要的保障。

2.4.1　低影响开发雨水系统

是应对降雨时源头控制。它通过开发建设的透水铺装、绿色屋顶、下沉式绿地、生物滞留设施、渗透塘、渗井、湿塘、雨水湿地、蓄水池、雨水罐、调节塘、调节池、植草沟、渗管/渠、植被缓冲带、初期雨水弃流设施，人工土壤渗滤等多种技术方法，留住标准控制的年降雨径流总量的85%的降雨量，达到控制中小雨型径流。达到保护、完善、增强提高开发地域的生态源的雨水径流量不超过开发前的值和截留雨水，净化雨水，保护水源。低影响开发雨水系统适用尺度大到城市区域，小到建筑屋面。

2.4.2　城市雨水管渠排水系统

雨水管渠布置在城市边界内，排除降雨在地面形成径流的雨水，将雨水传输至城市边界内外的接纳江河湖海水域。雨水管渠排水系统由排水管渠、雨水口、检查井、雨水调蓄池组成。雨水渠道通常利用城市竖向坡降重力流排水也是最经济的排水措施。当因坡降高差不能重力排除时，则设置雨水排水水泵站排入接纳水体。畅通城市雨水管渠排水系统能短时间内，将设计重现期内降雨排走，不会产生地面积水和涝水灾害。

2.4.3　超标雨水内涝防治系统

是应对城市雨水管渠因暴雨强度超过管渠设计重现期的溢流雨水量的防治措施。其作用削减径流峰值，调节径流量，蓄存降雨历时内的超标雨水量。延缓雨水排放或者蓄水利用。防治内涝设施包括城市自然河湖、沟渠、湿地、绿地、广场、道路、调蓄池和大型管渠。城市河湖、景观水体、下凹式绿地和广场等公共设施可作为临时雨水调蓄设施。内河、沟渠、道路两侧排水通道可作为雨水行泄通道，也可建设地下调蓄池、大型管渠等设施。城市排涝应充分利用自然条件自排，当不可能时应设置排涝泵站。

2.4.4　城市防洪保护系统

是应对防护城市区域内洪水和过境洪水的危害，所采取的各种对策和措施。以防止或减轻洪水灾害，保障人们的生命财产安全。其作用是减少洪水的区域范围，防御洪水侵袭，保护城区的生产、生活和生态环境安全。城市防洪防御目标，包括防治区域洪水、江河洪水、山洪暴发、泥石流、海潮和涝水。其防洪措施应是承接城市排水管渠出流、排涝河道、行洪河道、低洼承泄区、江河堤防，海堤工程，河道治理及护岸（滩），防洪闸、山洪防治（截流沟、排洪渠道等），泥石流防治（拦挡坝、停淤场等）。城市防洪保护包括城市治涝工程的传输、调蓄工程。

2.5　海绵城市建设标准与标准整合

2.5.1　海绵城市建设标准

国家技术标准顶层设计具有法律效应的属性，是政府管理控制技术层面的依据，是国家控制工程规模的核心参数。它的制定应是技术成熟可靠，具可操作性、科学性和经济性。它的制定标准高低根据社会经济地位和社会安全决定。目前海绵城市建设的基本概念和属性、理论和实践，还不明晰，专家学者和科研工作者还有异议，没有取得科学性的一致见解，确认科学门类属性。现在一谈起海绵城市的建设，就由降雨，涉及涉水专业及规划、建筑、结构、道路、园林景观、水文等跨行业、跨部门、跨学科的话题，强调为某专业的属性。作者在一些文献资料的梳理过程中，认为目前（2016 年）较为一致的意见是"海绵城市"建设，就是要建设和完善包括源头径流控制系统、城市雨水管渠系统、超标雨水内涝防治系统以及城市防洪保护系统的城市雨水系统，解决径流总量控制、径流峰值控制、径流污染控制和雨水资源利用等一系列城市雨水问题。鉴于目前海绵城市尚无国家统一的技术标准，就要由上述各主要系统的建设标准来控制海绵城市建设的工程规模和目标。

源头径流控制系统即为低影响开发雨水系统的建设标准是《海绵城市建设指南-低影响开发雨水系统构建》中表 F2-1（以下简称《指南》）的限值（见表 7-3），该值主要控制中小降雨时形成大量的地表径流，并主要以雨水入渗地下和留在原地调蓄地域，修复生态为目的。

城市雨水管渠排水系统的建设标准是《室外排水设计规范》GB 50014 中的雨水管渠设计重现期（年），对城市规模大小、城区不同部位规定设计重现期标准。按此标准设计建设的海绵城市雨水管渠设施能达到畅通排泄雨水的预期目标，维持城市排水正常运行秩序。

超标雨水内涝防治系统的建设标准是《城镇内涝防治技术规范》GB 51222 中的"内涝防治设计重现期"，为海绵城市内涝工程设计标准。按此标准设计建设的内涝防治工程可达到局部重要地区地面无积水，可调蓄径流雨水，缓解延长排水时段，减少径流量和削减径流峰值。

城市防洪保护系统建设标准，在《防洪标准》GB 50201 中，按城市常住人口规模和城市的社会经济地位的重要性，规定城市防护区的防护等级和防护标准。按此标准设计建设的海绵城市保护区域不会被洪水浸没，从而保护城市安全。

2.5.2 海绵城市建设标准整合和各系统衔接

目前海绵城市构架建设的排水系统实际存在一个很明显的关联关系，即：防洪标准包含防涝标准，防涝标准包含管渠排水标准，排水管渠标准包含低影响开发雨水系统标准。这一点，由《室外排水设计规范》GB 50014 和《暴雨强度公式编制技术规范》以及暴雨计算方法课题研究等文献得到证实，从理论研究证实采用年最大值法编制的暴雨强度公式适用于城市排水和水利防洪的雨洪流量计算。理论证明，低影响开发雨水系统、城市雨水管渠排水系统、超标雨水内涝防治系统和城市防洪保护系统由暴雨强度公式中的"重现期（年）"作为衔接点是可行的，科学的。研究"四个标准"整合，统一海绵城市建设统一设计标准也是有理论基础的。

"四个设计标准"的整合，带来"四个系统"的衔接整合，可以达到低影响开发设施的溢流进入城市雨水管渠设施、管渠设施溢流进入防涝设施、防涝设施溢流进入防洪设施。这样整合分别扣除设计建设的雨洪管理系统设施将大幅度降低工程设施建设投资和简化管理。目前采用分别扣除的设计方法，在现行的《建筑给水排水设计规范》GB 50015，屋面排水系统设计中得以应用。对建筑屋面雨水系统就是采用扣除的方法，即一般建筑屋面设计重现期为 2-5 年，与溢流设施的总排水能力不应小于 10 年重现期的雨水量。重要公共建筑屋面设计重现期≥10 年，与溢流设施的总排水能力不应小于其 50 年重现期的雨水量。这里超设计重现期的雨水量通过溢流口等设施排除（图 2-1）。

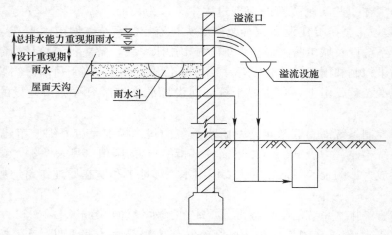

图 2-1　建筑屋面雨水排水与溢流

鉴于目前我国各城市暴雨强度公式的修订和多种有关排水系统规范的改编、修编，其标准的系统性和衔接性、排水系统逐级包含关系已经凸现。海绵城市建设的雨洪管理体系，从源头减排，城市排水防涝及城市防洪，标准和技术之间的互补，相互衔接形成，有利于城市区域系统性的保护水环境及水安全。

2.5.3　现行各系统设计存在问题

当前海绵城市建设的雨洪管理的设计方法，仍然是各系统设计标准进行系统的工程设计建设，存在重复建设造成浪费，或下游系统没有充分利用系统减量节省系统空间，这样存在明显不合理性。如，低影响开发雨水源头减排作用，因为采用降雨量体积标准无法和下游的城市排水管渠系统采用重现期标准流量法相衔接，从而致使现时的排水管渠系统设计根本未顾及低影响开发源头减量，仍按地面径流系数和流行时间进行管网流量设计。同时，城市防洪设计与客水洪峰流量的衔接、与城市河流和海洋的潮位如何衔接还有待研究解决。

3 海绵城市建设核心设计参数

3.1 暴雨强度公式

　　城市暴雨强度公式是城市室外排水工程规划设计的主要基础参数。我国已经进入高速城市化时期，特大城市和城市群的出现，城市"热岛效应"凸现，城市降雨特征会发生局地性变化。已有数据表明，部分城市每隔 10 年左右出现超过历史纪录的特大暴雨。依据水文气象频率分析的理论，运用已有的降雨记录数据，采用数理统计的方法得到的城市暴雨量、暴雨强度、降雨历时、时间空间的分布等，是科学表达城市暴雨规律的一种方法。为编制暴雨强度公式适应气候趋势性变化，保障城市安全，客观表达城市暴雨特征提高排水工程规划设计的科学性，推算方法科学合理性，2014 年 4 月，住房和城乡建设部、中国气象局制定《城市暴雨强度公式编制和设计暴雨雨型确定技术导则》，确定的基本要求、技术流程、原始资料和统计样本、频率计算和分布曲线、暴雨强度公式参数求解、短历时设计暴雨雨型确定和适应性分析等提出技术要求。要求各地参照导则开展城市暴雨强度公式的编制、修订及设计暴雨雨型确定工作。城市暴雨强度公式编制公式编制还应符合现行国家相关标准和规范。

　　暴雨强度是雨水量计算的核心参数，暴雨强度的数学模型，按《室外排水设计规范》GB 50014 给定为：

$$q = \frac{167A_1(1 + c\lg p)}{(t + b)^n} \tag{3.1-1}$$

式中：　　q——设计暴雨强度 $[L/(s \cdot hm^2)]$；

　　　　　p——设计重现期（年）；

　　　　　t——降雨历时（min）；

A_1、b、c、n——参数，根据统计方法进行计算确定。

　　由于我国各地已积累了完整的自动雨水记录，规定具有 20 年以上自动雨量记录的地区，排水系统设计暴雨强度公式应采用年最大值法，经数理统计法计算确定暴雨强度公式。

　　按《城市暴雨强度公式编制和设计暴雨雨型确定技术导则》要求，按年最大值法编制的暴雨强度公式适用于：

　　《水利水电工程设计洪水计算规范》（SL 44—93）；

　　《城市排水工程规划规范》（GB 50318—2000）；

　　《建筑给水排水设计规范》（GB 50015—2003）；

　　《室外排水设计规范》（GB 50014—2006，2013 年版）；

　　《公路排水设计规范》（JTJ 018—97）等排水、防涝、防洪的雨水量计算。

　　有学者对我国城市设计暴雨计算方法的研究认为采用年最大值选样法构建各指定历时的雨量系列，能够兼顾样本的代表性、独立性、一致性和统计规律等方面要求，客观反映我国城市化过程暴雨强度等空间分布上的变化规律。并且所需的样本系列资料与水文、气象部门相统一，使建设部门与水利、气象和交通等行业在暴雨重现期、设计暴雨强度的概念及标准上可以相互衔接，有利于各行业之间在暴雨成果上的相互对比，协调运用。

　　目前我国的低影响开发，排水管渠、防涝、防洪设计方法，采用各套系统独立的采用重现期计算雨水量（图3-1）。若按上述暴雨强度的编制方法和适用范围，则低影响开发、排水管渠、防涝、防洪雨水量计算结果叠加成图的形态。

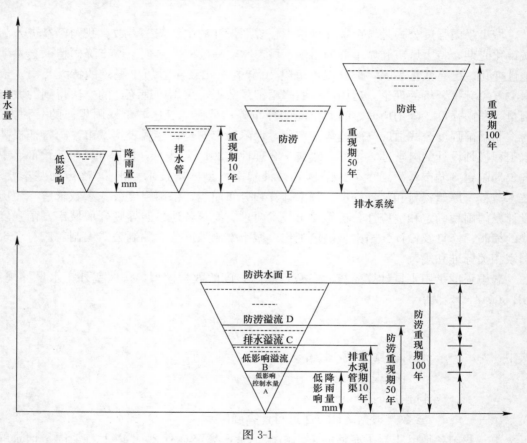

图 3-1

A—低影响开发控制水量；B—超低影响标准溢流雨水量；C—超排水管渠标准溢流雨水量；

D—超防涝标准雨水溢流量；E—防洪标准控制雨水量水面（安全水面）

　　图3-1所示城市雨洪管理的四个系统的链条关系，如果按此图设计方法设计将使工程设施规模大大减少，即排水管渠流量减去A雨水量；防涝流量减去A+B雨水量；防洪流量减去A+B+C雨水量，这样一来四套系统的设施规模仅为：低影响开发系统设计雨水量A；排水管渠系统设计雨水量B；防涝系统设计流量C；防洪系统设计流量D；形成暴雨径流量分级削减、控制、而不是通过各系统的完整设施来处置所有的径流，减少系统规模，节省土地空间和投资。这一点仅为初步的思路，要具体实施还需要深入的理论研究和实践。

但现行的《建筑给水排水设计规范》GB 50015 的建筑屋面雨水排水系统却规定采用屋面排水工程与溢流设施的设计重现期规定要求，即"一般建筑的重力流屋面雨水排水工程与溢流设施的总排水能力不应小于 10 年重现期的雨水量。重要公共建筑、高层建筑的屋面雨水排水工程与溢流设施的总排水能力不应小于 50 年重现期的雨水量。"超雨水排水工程设计重现期的雨水经溢流口排除到溢流设施中。

我国许多城市的暴雨强度公式，由于历史的原因，采用年多个样法编制而成，至今仍在使用，为便于现时使用要求，可按下列方法进行换算，取得和现行规范规定统一。年最大值法和年多个样法重现期换算关系：

按概率计算，年最大值法选样与年多个样法选样两者概率关系为：

$$T_E = \frac{1}{\ln T_M - \ln(T_M - 1)} \tag{3.1-2}$$

式中：T_E——年多个样法选样重现期；

$\qquad T_M$——年最大值法选样的重现期；

由公式（3.1-2）可算得 T_E 与 T_M 的概率关系表 3-1

重现期 T_E 与 T_M 的关系表　　　　　　　　　表 3-1

T_E（a）	0.5	1.0	1.45	5.0	10.0	20	50	100
T_M（a）	1.10	1.58	2.00	5.54	10.52	20.40	50.50	100.50

概率计算表明：只有 $T>10a$ 时两者强度才较接近，当前城市雨水通常用 $T_E=1a$ 设计，当改用 $T_M=1a$ 时则把标准降低至 T_E 不足 0.5a，为此在实用上必须适当调整 T 值。

水文统计学的取样方法有年最大值法和非最大值法，年多个样法是非最大值法中的一种。由于以前国内自记雨量不多，因此多采用年多个样法。年多个样法取样适用于具有 10 年以上，20 年及以下自动雨量记录的地区。

我国大部分城市的暴雨强度公式（1997 年前）多采用年多个样法取样或参照附近气象条件相似地区的资料编制而成。

同等雨强条件下年多个样法重现期均低于年最大值法，在小重现期部分两者差别较大，在大重现期两者差别较小，所以使用年多个样法编制的降雨强度公式其小重现期取值大些较安全。

海绵城市规划建设中，低影响开发雨水系统的雨水量是按降雨量（雨水体积）计算，而排水、防涝、防洪系统按降雨强度（重现期、流量）计算雨水量，这样就出现低影响开发雨水系统和排水系统两者的衔接问题。因为"体积"和"流量"无衔接关联关系，经研究认为可采用下面三种方式衔接：一是体积法；二是径流系数法；三是降雨量对应重现期计算的降雨量法。

体积法，即将降雨量体积等于流量法计算体积相等节点为两者衔接点。

径流系数法，因为降雨量按年径流总量控制率确定，年径流总量控制率85％（0.85）是按径流系数（传统绿地和草地）0.15 径流量减法确定的，所以对低影响开发雨水系统的后续排水系统的径流系数为恒定值 0.15。低影响开发规划设计控制的径流峰值所对应的径流系数（如径流系数 0.15），就是城市排水管渠系统的径流系数设计取值，即大于此径流系数的径流雨水量进入城市排水管渠系统排出。

降雨量对应重现期法：低影响开发设计降雨量（mm）去对应按某个重现期的暴雨强度公式计算出来降雨强度值（mm/h）。再按此确定的重现期作为城市排水管渠系统的雨水量计算参数。

3.2 径 流 系 数

径流系数指降落在地面上的雨水在沿地面流行的过程中，一部分雨水被地面上的植物蒸发，洼地、土壤或地面缝隙截流，剩余的雨水在地面上沿地面坡度漫流，称为地面径流。地面径流的流量称为雨水地面径流量。地面径流量与总降雨量的比值称为径流系数，即是任意时段内的径流深度 Y（mm）与造成该时段径流所对应的降水深度 X（mm）的比值，其计算公式为 $\Psi = Y/X$。径流系数是一个单一的经验公式，它把众多的影响因素综合在一起，严格说来："它是一个动态变量"。所以这个计算方法宜粗不宜细。径流系数变化于 0~1 之间，湿润地区 Ψ 值大，干旱地区 Ψ 值小。

降雨刚发生时，有部分雨水被植物截流，当地面比较干燥，雨水渗入地面的渗水量也比较大，开始时的降雨量小于地面渗水量，雨水被地面全部吸收。随着降雨历时的增长和雨量的加大，当降雨量大于地面渗水量后，降雨量与地面的渗水量的差值称为余水，在地面开始产生积水深度并产生地面径流。单位时间内的地面渗水量和余水量分别称为入渗率和余水率。在降雨强度增至最大时，相应产生的地面径流量也最大。此后，地面径流量随着降雨强度的逐渐减小，当降雨强度降至与入渗率相等时，余水率为 0，但这时由于地面有积水存在，故仍有地面径流，直到地面积水消失，径流才终止（图 3-2）。

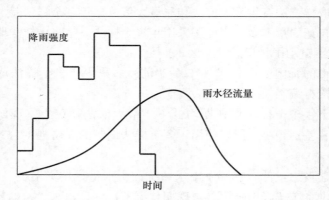

图 3-2 降雨强度与雨水径流量关系

径流系数受降雨条件（包括降雨强度、历时、雨峰位置、前期雨量、强度递减情况、全场雨量）和地面条件（包括覆盖、坡级、涉水面积及其宽长比、地下水位、管渠疏密等）影响的两大因素。当地面材料透水率较小、植被较少、地形坡度大、雨水流动快的时候径流系数较大；降雨历时较长会使地面渗透量减少地面渗透从初渗变为稳渗而增大径流系数；暴雨强度较大时，会使流入雨水排水管渠的相对水量增加而增加径流系数所致；对于最大强度发生在降雨前期的雨型，前期雨量大的径流系数值也大。学术界研究认为，径流系数存在流量（洪峰）径流系数和雨量（洪量）径流系数，后者应比前者小。流量（洪峰）径流系数定义为：降雨形成高峰流量的历时内产生的径流量与降雨量之比。雨量（洪量）径流系数定义为：降雨设定时间内产生的径流总量和总雨量之比。并且认为雨水道设计中的综合径流系数是雨量（洪量）径流系数。流量径流系数用于计算降雨径流的高峰流量；雨量径流系数用于计算降雨径流总量。综合径流系数用于城镇规划设计计算降雨径流总量。汇水面积的平均径流系数应按下垫面种类加权平均计算。

应严格执行规划控制的综合径流系数，综合径流系数高于 0.7 的地区应采用渗透、调蓄等措施。

按低影响开发的理念，源头控制的径流系数均应是 0.15，因为径流总量的 85% 不外排，只有 15% 外排。此点是低影响开发雨水系统和排水系统衔接点（图 3-3）。

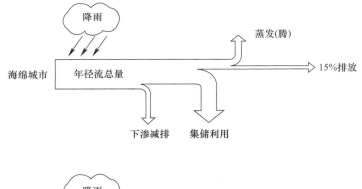

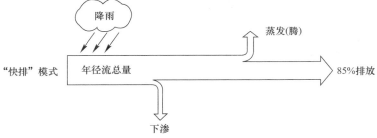

图 3-3　年径流总量控制概念（低影响开发）

《建筑给水排水设计规范》GB 50015—2009 中规定表 3-2，为给水排水设计中雨水设计径流系数取值，该规范适用于居住小区、公共建筑区、民用建筑给水排水设计，亦适用于工业建筑生活给水排水和厂房屋面雨水排水设计。

径流系数 表 3-2

屋面，地面种类	Ψ
屋面	0.9～1.00
混凝土和沥青路面	0.90
块石路面	0.60
低配碎石路面	0.45
干砖及碎石路面	0.40
非铺砌地面	0.30
公园绿地	0.15

《室外排水设计规范》GB 50014—2016 中规定，适用于新建、扩建和改建的城镇、工业区和居住区的永久性室外排水工程设计和规划控制的综合径流系数见表 3-3 和表 3-4。

径流系数　　　　　　　　　　　　　　　　　表 3-3

地面种类	Ψ
各种屋面、混凝土或沥青路面	0.85~0.95
大块石铺砌路面或沥青表面各种碎石路面	0.55~0.65
级配碎石路面	0.40~0.50
干砖及碎石路面	0.35~0.40
非铺砌土路面	0.25~0.35
公园绿地	0.10~0.20

综合径流系数　　　　　　　　　　　　　　　表 3-4

区域情况	Ψ
城镇建筑密集区	0.6~0.7
城镇建筑较密集区	0.45~0.6
城镇建筑稀疏区	0.20~0.45

径流系数的取值与地面材料种类，或城镇、行业、行地用地，或建筑密度都有较大关系，所以汇水面积的综合径流系数应按地面实际种类的组成和比例加权平均计算。因为现代科学技术的遥感监测，实地勘察都能得到实测资料，特别当雨洪控制高重现期，长历时条件下的径流系数应是偏高出现，对排水系统的设计风险加大。有文献资料证实，径流系数对内涝风险影响较大，如在 20 年一遇的降雨下，径流系数从 0.65 提高到 0.85，其内涝风险区面积增大近 43%。

根据计算时段的不同，可分为多年平均径流系数、年平均径流系数和洪水径流系数等。径流系数综合反映流域内自然地理要素对降雨—径流关系的影响。

径流指降落到地表的降水在重力作用下沿地表和地下流动的水流。可分为地表径流和地下径流，两者具有密切联系，并经常互为转换。

水文学中常用的流量、径流总量、径流深度、径流模数和径流系数等特征值说明地表径流。水文地质学中有时也采用相应的特征值来表征地下径流。

3.3　调 蓄 设 施

调蓄设施，在丰水期能储水，就是雨水量大、上游流下来的水多的时候，它能够储存一定量的水，不至于使这部分水直接流入下游，单位时间内水流量过大造成洪灾。枯水时它能够放水，在雨量小、上游流下来的水少的时候，能够释放一定的水，以至于下游河道不干涸，不会干旱。调蓄洪水就是指丰水期储水，枯水期放水的功能。实际上起缓冲作用，使下游水量基本均匀。

调蓄设施是城市雨水中的核心设施之一，既可用于排水系统的源头，中途和末端，调节降雨量，削减径流峰值，延迟径流时间；也可用于雨水利用，削减污染程度。调蓄设施是一个概化的雨洪管理措施。它应视功能不同或作用原理分为：雨水调节设施、雨水储蓄设施，或两者兼容的多功能雨水调蓄设施及低影响开发生态化的源头调蓄设施。

调节设施，排水管渠设计中称调节池，是传统的、成熟的雨水径流控制方法，指在暴雨期间对峰值径流进行暂时性储存，降雨或峰值流量过后再逐渐排放，从而达到控制径流峰值，减少下游管渠的设计流量，达到减少管径，节省管网投资。调节池一般设计在排水系统的中途。

储蓄设施是排水系统中的储存和滞蓄雨水径流，其目的通过对雨水径流量进行储存、滞留达到削减径流排放量或储存雨水利用，沉淀过滤控制水质、补充地下水等综合利用雨水资源的目的，也达到减少雨水的外排量。储蓄应尽量利用湖泊、池塘、洼地等，力求少占地。

多功能雨水调蓄设施，将调节和储蓄的功能兼容，是一种多目标的雨洪控制调蓄设施。它不仅调节洪峰流量，储水利用，还有控制污染、养殖生物、景观功能。

低影响开发生态化的源头调蓄设施，是在城市下垫面滞雨、渗透、控制污染的雨洪管理设施，设置在排水系统的源头，对中、小型降雨量的 85% 进行留住控制，对排水系统起减小径流量和削减径流峰值、削减径流面污染的作用，相应提高排水系统的排水标准。

调蓄设施是城市雨洪管理、控制利用系统中一个不可或缺的重要节点。应该视其在节点上的功能要求设计设置该系统，使系统经济合理，技术可行，功能完备。

城市的雨洪调蓄设施涉及多目标（错峰、控制污染、回用等），多尺度和多形式。每种调蓄设施属各排水系统的组件，所以调蓄设施的设计方法、规模大小、功能作用、构造要求，应依据所配置排水系统的技术要求而规划设计。各排水系统配置的调蓄设施之间没有必然的、直接的关联关系，但有时多个排水系统共用某个调蓄设施，这些方面的问题应视雨洪控制的具体现场情况而定。

调蓄设施的设计原理为容积计算法，而与之衔接的排水系统设计原理为流量计算法，两者的衔接点是流量转换为容量的时间节点。应该说各排水系统所配置的调蓄设施之间不存在必然的、直接的衔接关系。

调蓄设施的调蓄能力，文献资料记载北京城区道路横纵坡，核算、研究道路的排水能力。结果显示，在监测路段较小的横纵向坡度条件下，道路地表的排水能力和已有管道排水能力，可综合由一年一遇提高到 3~5 年，甚至更高。源头低影响开发措施调蓄能力能将排水标准一年一遇提高到 3 年一遇，或将 3 年一遇提高到 5 年一遇或更高。

雨水调蓄设施的设计调蓄量应根据雨水设计流量和调蓄设施的主要功能，经计算确定，并应遵守下列规定：

1. 当汇水面积大于 2km² 时，应考虑降雨时空分布的不均匀性和管渠汇流过程，采用数学模型法计算。

2. 当暴雨强度公式编制选用的降雨历时小于雨水调蓄工程的设计历时时，不应将暴雨强度公式的适用范围简单外延，应采用长历时降雨资料计算。

3. 当调蓄设施用于削减峰值流量时，调蓄量的确定应按下列公式计算：

1) 应根据设计要求，通过比较雨水调蓄工程上下游的流量过程线，按下式计算：

$$V = \int_0^T \left[Q_i(t) - Q_o(t) \right] \mathrm{d}t \tag{3.3-1}$$

式中：V——调蓄量或调蓄设施有效容积（m³）；

Q_i——调蓄设施上游设计流量（m³/s）；

Q_o——调蓄设施下游设计流量（m³/s）；

t——降雨历时（min）。

2）当缺乏上下游的流量过程线资料时，可采用脱过系数法，按下式计算：

$$V = \left[-\left(\frac{0.65}{n^{1.2}} + \frac{b}{t} \frac{0.5}{n+0.2} + 1.10 \right) \cdot \log(a+0.3) + \frac{0.215}{n^{0.15}} \right] \cdot Q_i \cdot t \quad (3.3\text{-}2)$$

式中：b——暴雨强度公式参数；

n——暴雨强度公式参数；

a——脱过系数，取值为调蓄设施下游和上游设计流量之比。

3）设计降雨历时，应符合下列规定：

（1）宜采用 3～24h 较长降雨历时进行试算复核，并应采用适合当地的设计雨型；

（2）当缺乏当地雨型数据时，可采用附近地区的资料，也可采用当地具有代表性的一场暴雨的降雨历程。

4. 当调蓄设施用于合流制排水系统径流污染控制时，调蓄量的确定可按下式计算：

$$V = 3600 t_i (n_1 - n_0) Q_{dr} \beta \quad (3.3\text{-}3)$$

式中：t_i——调蓄设施进水时间（h），宜采用 0.5h～1.0h，当合流制排水系统雨天溢流污水水质在单次降雨时间中无明显初期效应时，宜采取上限；反之，可取下限；

n_1——调蓄设施建成运行后的截流倍数，由要求的污染负荷目标削减率、下游排水系统运行负荷、系统原截流倍数和截流量占降雨量比例之间的关系等确定；

n_0——系统原截流倍数；

Q_{dr}——截流井以前的旱流污水量（m^3/s）；

β——安全系数，一般取 1.1～1.5。

5. 当调蓄设施用于源头径流总量和污染控制以及分流制排水系统径流污染控制时，调蓄量的确定可按下式计算：

$$V = 10 DF \Psi \beta \quad (3.3\text{-}4)$$

式中：D——单位面积调蓄深度（mm），源头雨水调蓄工程可按年径流总量控制率对应的单位面积调蓄深度进行计算；分流制排水系统径流污染控制的雨水调蓄工程可取 4～8mm；

F——汇水面积（hm^2）；

Ψ——径流系数。

6. 当调蓄设施用于雨水综合利用时，调蓄量应根据回收利用水量经综合比较后确定。回收利用水量，应考虑地理位置限制、雨水水质水量、雨水综合利用的效率和投资效益等多种因素，进行综合比较后确定。

4 海绵城市建设污染控制

4.1 海绵城市源头减排绿色雨水基础设施三元素

海绵城市建设的"绿色雨水基础设施"是与我国绿色建筑评价标准的称谓相统一的术语，早在国外 20 世纪 90 年代就出现过"生态基础设施"（EI）、"绿色基础设施"（GI）、"生态雨水基础设施"（ESI），共同的基本表述为：是一个由自然区域和开敞空间两大类要素所组成的绿色空间网络，包括：河流、湿地、林地、生物栖息地和其他自然区域，以及绿道、公园、农场、森林、牧场、荒野和其他维持原生物种、自然生态过程、保护空气与水资源以及提高社区和人民生活质量的开放空间，这些要素互相联系，共同组成一个有机统一的系统。它是城市中具有自然生态系统功能的、能够为人类和野生动物提供多种利益的自然区域和其他绿色开放空间的集合体，是城市的自然生命支持系统。我国学者将生态基础的理论应用于海绵城市生态雨洪管理领域，侧重发挥生态基础设施的有关雨洪调蓄、径流削减、净化污染、保护水质、雨水利用、清洁水源提供等方面的生态系统服务价值，便形成了"绿色雨水基础设施。"

海绵城市建设的源头减排绿色雨水基础设施，由城市原有生态系统保护、低影响开发雨水系统技术措施与生态恢复和修复三要素组成，实现城市雨洪管理的源头减排目标要求。

4.1.1 保护城市原生态系统

就是最大限度地保护城市地域的原有河流、湖泊、湿地、池塘、沟渠等水生态敏感区，留有足够涵养水源、应对较大强度降雨的林地、草地、湖泊、湿地，维持城市开发前的自然水文特征，这是海绵城市建设的基本要求。

"原生态"就是自然状态下的，未受人工影响和干扰的原始生态或生态原状。由于 20 世纪以来，环境破坏、生态恶化、生物多样化、物种多样性遭受前所未有的冲击，物种濒危和消亡，为人类未来生存敲响警钟。有识之士忧心忡忡，全球性的抢救和保护行动纷纷施行。"原生态"一词在这种情况下迅速普及。在环境科学里，原生态成为地球的世外桃源，成为人们梦境、天然美、自然美的代名词，原生态象征着生物与物种多样性的过去，现在和未来，象征着人类与自然的和谐，原生态表现在地理、环境、自然、地域和人文历史，涉及海洋、内陆、高山、平原、森林、草原、热带、寒带、温带、潮湿、干旱、水系等等。

城市在"原生态"的环境中建设发展起来，建设规模越来越大，涵养城市的"原生态"能力也越发艰难，更糟糕的是城市发展还逐渐破坏，减少"原生态"，缩小城市生存的空间，保护"原生态"才成为城市建设的紧箍咒。

城市原生态、林地、草地、河流、湖泊、湿地、池塘、沟渠、土壤、气象等系统构成能有效地控制雨洪流量，降低雨水径流对城市正常运行造成危害。因此，海绵城市建设应最大限度地保护城市原生态，有足够的涵养水源。维持城市开发建设前的自然水文特征，也是海绵城市的最基本要求。

4.1.2 低影响开发

就是按照对城市生态环境影响最低的开发建设理念，合理控制开发强度，在城市中得到足够的生态用地，控制城市不透水面积比例，最大限度地减少对城市原有水生态环境的破坏，同时，根据需求适当开挖河湖沟渠、增加水域面积，促进雨水的存积、渗透和净化。低影响开发绿色雨水措施有：透水铺装、绿色屋顶、下沉式绿地、生物滞留设施、渗透塘、渗井、湿塘、雨水湿地、蓄水池、雨水罐、调节塘、调节池、植草沟、渗管/渠、初期雨水弃流设施。

4.1.3 生态恢复和修复

就是对传统粗放式城市建设模式下，已经受到破坏的水体和其他自然环境，运用生态的手段进行恢复和修复，并维持一定比例的生态空间。

1. 采用的恢复和修复措施

生态修复是指用再生态的理念，利用大自然的自我修复能力，在适当的人工措施辅助下恢复生态系统原有的保持水土，调节小气候、维护生物多样性的生态功能和开发利用的功能。生态修复不是指生态系统完全恢复原始状态，而是指通过修复使生态系统的功能不断得到恢复和完善。生态修复的含义至少应包括以下几个方面：

（1）生态修复以大自然的自我修复为主，是通过对一个区域或一个小流域的严格管护，排除人为因素对其干扰及破坏，使区域内的整个生态系统得到休憩并恢复其生态群落结构及功能的过程。生态修复不应是一个完全自然的过程，应有科学合理的人工辅助措施，如在恢复区局部水土流失较严重地段采取补植措施等，有利于加速生态系统的自然修复并使其向良性化方向发展。

（2）生态修复是一个生态自我恢复、发展和提高的过程。在生态修复中，生态系统的结构及其群落，是由简单向复杂、由单功能向多功能、由抗逆性弱向抗逆性强转变的。

（3）生态修复是一种新的水土保持措施，是水土保持新理念，即保持人和自然和谐相处理念的具体体现。生态修复要求尽量减少人对生态的过多干预，充分发挥生态的自我调节、恢复、进化功能缓慢向其顶级群落变。因而为生态修复所产生的群落是自然的选择，其恢复生态群落结构的稳定性和抗逆性变强。

（4）生态修复不仅是工程措施，而应对生态修复区实行严格的保护，以减少不必要的人为干扰，避免边修边破坏。

2. 水环境整治水体修复技术

（1）城市河流水动力调控技术

用以改善河流水质，提高河水的自净能力。技术包括水量水质调配和河水曝气充氧。

1）水量水质调配技术。即通过水质调配或引入其他水源，如满足补水水质要求的再生水和城市雨水径流，改善水动力流态，改善水质。

2）河水曝气充氧技术。即采用人工曝气技术，弥补自然复氧的不足，在短时间内提高水体的溶解氧量，增强水体的净化能力，消除黑臭。减少水体污染负荷，促进河流生态系统的恢复。

（2）城市河道底质改善技术。

河道底泥是陆源性入河污染物（营养物、重金属、有机毒物等）的主要蓄积场所，底泥既可以净化河道水体，也可以因含污染物而成为潜在内源性污染源污染水体，增加上层水体污染负荷。通常采用的治理技术包括：底质清淤及原位修复技术、景观河道生态修复型底泥疏浚与处理处置技术、底质基改造与污染生态修复技术、疏浚底泥与处理处置技术、底泥污染抑制剂技术。

1）底质清淤及原位修复技术。底泥生态清淤是将污染最重、释放量最大的上层污染底泥依据环保要求移出水体，是控制内源污染最有效的工程技术措施之一。

原位修复技术是利用环境友好型双固定化功能的载体及具有高效净化功能的生物覆盖底质良性生境构建修复河底。

2）景观河道生态修复型底泥疏浚与处理处置技术。因为河道底泥也是水生态系统重要的环境要素之一，其理化特性直接影响水生态系统的结构和功能。所以应避免过量清淤疏浚造成河底泥生态支持力下降，应对河底泥实施精准疏浚的修复技术。

3）底质基改造与污染生态修复技术。从单一的清淤、硬底化、引水冲污、曝气充氧等治理技术扩展至多项治理技术，如在改善基底环境基础上，采用生物修复，特别是植物修复方法更加适宜。

4）疏浚底泥与处理处置技术。采用水力清淤时，应根据疏浚底泥的自然沉降速度设计水力疏浚底泥的排泥场、防止清淤底泥回流。对清淤污泥进行脱水干化，制造建材等资源化，实现疏浚底泥可持续管理。

5）底泥污染抑制剂技术。利用具有强氧化作用、高效释氧作用、物理阻隔作用和化学固化作用等的底质抑制剂，对抑制黑臭、应对突发污染事故等具有显著、快速的效果。因为抑制剂对水生物成活生长不利，不应长期使用。

（3）城市河道生态修复技术

1）复合型生态浮岛水质改善技术。以水生植物的优选和可修复水体生物多样性的生态草植入为主要组成部分，对氧、磷营养物和有机物均有一定的去除效果。可改善水体水质，提高水体透明度，控制水体富营养化，减缓藻类生长速率，控制赤潮产生，减少景观水体换水频率。该技术适宜在水域相对开阔，流速较缓的地带，适用于水深2～5m的河流区域，便于污染物的有效降解。

2）多级复合流人工湿地异位修复技术。通过多级复合流人工湿地的构建，使其出水主要水质指标稳定达到地表水Ⅳ标准。该技术主要适用于景观水体的水质改善及长期保持。

3）城市黑臭河道原位生态净化集成技术。包括底泥污染控释与底质生境改善，黑臭河水生物净化与控藻、黑臭水体生态接触氧化等。

4）景观河道生态拦截与旁道滤床技术。生态滤床一般利用自然湿地结构和功能基础上，通过人工设计的污水处理生态工程技术，利用湿地中的基质、水生植物、微生物来实现对污染物的高度降解、达到净化水质的目的。生态滤床设计成旁河的形式。将河水引入滤床中，经过内填充具有脱氮除磷功能较强，且比表面积大的多孔介质，能较好截留河水中的颗粒物。再通过植物选择，碳源调控、溶解氧调控、前置或后置强化除磷等手段，提高其脱氮除磷效率。

5）生态驳岸技术

驳岸是使用水陆两地交界的区域，具有水域和陆地两种特性。生态驳岸能保证驳岸土壤结构稳定和满足生态平衡要求。海绵城市中的生态驳岸主要有自然和人工驳岸两种类型，其目的是保护河岸、防止雨水冲刷损毁、恢复河岸生态，建立河道净化系统、截污等生态功能。植物生态驳岸保持一种自然状态，极大地降低了成本，比硬质驳岸成本低，又有生态美丽景观效应。

（4）城市河水强化处理技术

1）城市河湖水系原位强化处理关键技术。开发缓流水体强化循环流动和生物接触氧化技术，强化水体流动，削减水中污染物和营养盐的含量，改善水质。

2）河道水体侧沟强化治理集成技术，针对生活污水中含有大量工业废水，难以生物降解成分含量高、底泥污染严重、河道水体黑臭、油类物质浓度偏高现象显著等，提出以侧沟化学絮凝（即一级强化处理）和接触氧化相结合的方式，可有效抑制水体黑臭。

3）景观水体化学—微生物—水生植物复含强化与藻类过度生长控制技术。针对景观河道水体自净能力差，富营养化严重，藻类过度增长的现状，通过化学—微生物—水生植物复合强化集成技术进行水质净化及控制的原位修复技术研究、研发出"改善景观水体水质的药剂投加方法和设备"和"富营养化水体治理的方法和设备"可有效改善水体富营养化状态。

4）污水处理厂尾水人工处理技术。在城市污水处理厂尾水达到一级 A 标准时，可通过这一技术使尾水达到地表水 V 类标准。

5）污水处理厂尾水多点放流生态拦截技术，通过生态拦截填料的拦截吸附降低尾水中污染负荷和再生生物膜对尾水深度净化处理后分散排放。该方法有效降低污水处理厂尾水排放对河流水质产生不利的影响。

（5）城市水体修复技术的实践和成效

我国城市水体修复技术所涉及流域分布（图 4-1（a））和应用的关键技术类型分布（图 4-1（b））都取得良好效果，黑臭水体得到治理，大幅度降低水体浊度，去除 COD、TP、TN 含量。使水质得到很大改善达到地表水水质要求，使水生生物中的浮游植物多样性增加，水质清洁水生动物和栖息动力明显增加，形成良好的自然生态景观。

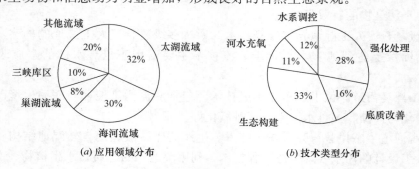

(a) 应用领域分布　　　　　　　(b) 技术类型分布

图 4-1　城市水体修复技术应用分布

3. 土壤修复技术

（1）工程措施

主要包括：客土、换土和深耕翻土措施。深耕翻土用于轻度污染，而客土和换土则是用于重污染区的常见方法。工程措施是比较经典的土壤重金属污染治理措施，它具有彻底、稳定的优点，但实施工程量大，投资费用高，破坏土体，引起土壤肥力下降，并且还要将换土的污土进行堆放或处理。

（2）物理化学修复

1）电动修复；2）电热修复；3）土壤淋洗；4）化学修复。

（3）生物修复

生物修复是利用生物技术治理污染土壤的一种新方法。利用生物削减，净化土壤中的重金属或降低重金属毒性，主要包括植物修复技术与微生物修复技术两种方法。

1）植物修复技术

是以植物忍耐和超积累某种或某些污染物的理论为基础，利用自然生长或遗传工程培育的植物，清除环境中污染物的环境污染治理技术。包括植物提取、植物挥发、植物稳定三种方式。

① 植物提取，即利用重金属超积累植物从土壤中吸取金属污染物，随后收割地上部分并进行集中处理，连续种植该植物，达到降低或除去土壤中重金属污染物的目的。

② 植物挥发

其机理是利用植物根系吸收重金属，将其转化为气态物质挥发到大气中，以降低土壤污染。目前研究较多的是 Hg 和 Se。

③ 植物稳定

利用一些植物来促进重金属变为低毒性形态的过程，在这一过程中，土壤的重金属含量并不减少，只是形态发生了变化。

几种吸附土壤重金属的植物：

小花南芥：修复 Pb、Zn 复合污染

蜈蚣草：修复 As 污染

东南景天：修复 Cd、Pb、Zn、Cu 复合污染。

花葵：修复 Cd 污染

油菜：修复 Cd 污染。

2）微生物修复技术

微生物在修复被重金属污染的土壤方面具有独特的作用。其主要作用原理是，微生物可以降低土壤中重金属毒性；微生物可以吸附积累重金属；

微生物可以改变根际微环境，从而提高植物对重金属的吸收，挥发和固定效率。利用真菌与根系形成的菌根吸收和固定重金属（Fe、Mn、Zn、Cu）取得良好效果。

（4）农业生态修复

农业生态修复主要包括两个方面：

1）农艺修复技术；

2）生态修复；

农业生态修复措施存在周期长、效果显著的特点。

总之，工程物理化学方法，具有一定的局限性，难以大规模处理污染土壤，并且成本高，破坏土壤结构，造成二次污染，对环境扰动大，适用城市局部土壤修复。

而植物修复在重金属污染治理中具有不可替代的优势，并以其治理过程中的原位性、治理成本的低廉性、管理和操作的简易性及环境美学的兼容性而日益受到人们的重视，也是当前海绵城市建设的研究热点。因此，具有广阔的应用前景。

4.2 雨水径流污染

4.2.1 地表径流污染物

地表径流污染物常见的主要有：重金属、有机碳类物质、悬浮颗粒类。

1. 重金属污染物

重金属污染是雨水流中主要污染之一，并且还具有很大的毒性。但是在雨水的冲击作用下，它很难降解，并会长时间存在于水体环境中，所以，雨水中的重金属很受关注，一般情况下，重金属主要来源于建筑施工、大气的沉降以及城市交通行为。重金属浓度的大小与颗粒物的大小有关，研究结果表明，绝大多数重金属颗粒物集中在小颗粒上，因此，要想解决重金属污染必须除去小的颗粒物。另外，季节、地理条件以及温度都是影响水中重金属转化的主要因素。

2. 有机碳类物质

在城市水体中，有机碳类化合物的分解会消耗水中的溶解氧，使水体发黑发臭，以致影响水体景观。另外，有机碳类的溶解会对水体环境造成很多危害。它会影响多芳烃与重金属之间的分布，从而影响颗粒物对于重金属与烃类物质的吸附作用，就会影响暴雨对重金属和烃类物质的转运。

有机碳类物质最容易吸附在小颗粒上，研究发现，有机物大多数存在于小颗粒物质表面，并且当有机物吸附在上面的时候就会增强重金属与疏水有机物结合的能力。虽然这个过程会促进重金属的去除，但是因为有机物质容易被降解，就会使得颗粒物质吸附的污染物重新变为溶解态。

3. 悬浮颗粒

在城市降雨径流中，污染物悬浮颗粒的大小变化很大，主要由交通行为、建筑施工、尾气排放、路面冲刷、工业生产以及土壤侵蚀等造成。悬浮颗粒影响着水体环境污染物的分解及转移。它所携带的无机物和有机物随着雨水冲刷进入水体环境中，并且多数污染物不但可以颗粒状的形式吸收有机物，而且还可以颗粒形态附于沉积物之中。所以悬浮物都可以通过沉淀法去除。

对于不同降雨量，地表径流所携带颗粒物的粒度分布不仅与水力条件有关，还与干旱的天数有着密切关系。

4.2.2 降雨径流污染特征

降雨径流污染主要受降雨事件与地面颗粒物的影响，主要表现在径流初期的雨水冲刷以及输送规律。

1. 降雨事件分析

1）降雨量。降雨量的大小不但受地区的影响，而且还与季节有着明显关系。

2）降雨天数。

我国南方平均降雨天数为 145 天，其中小雨占天数多，中雨、大雨的天数相对较少。

3）降雨强度。

不同类型的降雨强度和对污染物的冲刷有不同的特点。对于降雨强度出现最大的时间不同，也对污染物冲刷含量不同。降雨强度最大的时候出现在降雨前期冲刷污染物重，出现在中期冲刷污染物较轻，出现在后期，则冲刷污染物更轻。

2. 径流初期的雨水冲刷

一般情况下，初期降雨中污染物的含量比后期高。在初期的冲刷中，很多污染物进入水体中，这是水体环境退化的主要原因。研究表明，降雨初期，雨水的冲刷会使降雨所携带的大量污染物浓度最高；但是，在同一个降雨事件中，不同的污染物或者不同的降雨事件的同一种污染物经过初期的雨水冲刷而产生的浓度峰值是不同的，在一般情况下，能够影响冲刷效应的因素很多，比如降雨强度、汇水面积、前期的干旱天数、不渗透面积的比以及清扫的频率等等。

对我国降雨径流的污染体征分析之后，可以发现沉积物中的大多数颗粒物质的粒径比较小，并且具有较强的吸附能力。因此，除去小颗粒物质是减少污染的主要途径之一。此外，污染物的浓度与降雨的时间也有关系，在降雨的过程中，初期的污染物浓度较高，随着降雨时间的延长，污染物浓度逐渐降低并且在后期趋于稳定，初始冲刷强度不但与土地的类型有关，而且与前期的干旱天数、降雨强度等因素有关。

由于初期降雨的冲刷污染较为严重，污染物的浓度较高，需要进行处理。对于特殊的工业生产，如化工剂罐区、化工车间、实验楼（医疗病理、生化）等的初期雨水更含有大量污染物，应收集后专门处理。

4.2.3 降雨径流实测污染物

降雨在落地前的雨水主要是空气污染，其污染物浓度一般不高。有研究者取自天然雨水、绿色屋面雨水和植被浅沟及低势绿地 LID 处理的雨水、屋面面层材料为沥青油毡的屋面雨水，抽样化验分析有明显的差异性，见表 4-1 和图 4-2。

污染物浓度平均值   表 4-1

指标	天然雨水 （n＝12）	屋面雨水（天台水） （n＝12）	LID 出水 （n＝9）
pH	6.36	4.97	7.66
SS（mg/L）	0.79	46.70	35.29
浊度（mg/L）	2.92	5.96	3.76
COD（mg/L）	27.09	121.91	25.28
总磷（mg/L）	0.35	1.01	0.28
DO（mg/L）	3.17	2.15	3.36
总氮（mg/L）	12.46	22.72	5.49
硝酸盐氮（mg/L）	1.37	4.40	2.60

指标	天然雨水 （$n=12$）	屋面雨水（天台水） （$n=12$）	LID 出水 （$n=9$）
铜（mg/L）	0.002 26	0.014 47	0.004 8
铁（mg/L）	0.203 52	0.192 96	0.076 77
锌（mg/L）	0.032 18	0.673 64	0.117 78
锰（mg/L）	0.012 56	0.042 21	0.001 86
铅（mg/L）	0.035 81	0.034 43	0.029 46

注：表中 n 代表样品个数，数据均为多次测量，排除误差后所取得平均值。

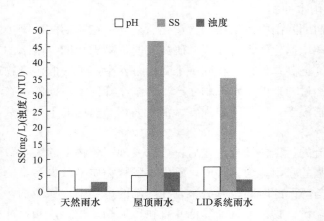

图 4-2　三种雨水 pH、SS 和浊度指标值

由图 4-2、表 4-1 可以看出：

天然雨水和屋面雨水的 pH 为 6.36 和 4.97 显酸性；LID 雨水系统 pH 为 7.66 基本接近中性，表明 LID 系统对于 pH 有一定的调节作用。

在 SS 和浊度方面，天然雨水的 SS 与浊度最低；屋面雨水、LID 雨水系统出水的 SS 与浊度比较高，这两者与天然雨水存在较大差异，可能与屋面雨水和 LID 系统雨水接触不同的地表下垫面有关，使降雨在径流形成过程中冲刷两种不同下垫面溶入了较多易溶于水的物质或携带了不同杂质；单独比较屋面雨水和 LID 系统雨水的 SS 和浊度，能反映出后者比前者的数值低，说明 LID 雨水系统下垫面相比屋面下垫面对水质中 SS 和浊度的影响小，见图 4-2。

LID 雨水系统雨水的含磷量低于天然雨水和屋面雨水，表明绿色屋面对磷有截留作用，绿色屋面能够减少雨水水体中的磷。

LID 雨水系统比较天然降水在总氮方面同样有部分降低，反映了 LID 雨水系统可以去除部分天然降雨的总氮。

在降雨中重金属减量方面，LID 雨水系统也有良好表现，其 LID 出水的重金属含量均低于天然雨水和屋面雨水中相应重金属的含量，LID 雨水系统对重金属具有较好的处理作用。

从表 4-1 中可以看出径流初期雨水冲刷污染要高于降雨雨水，有必要对径流初期雨水进行收集净化处理。

低影响开发雨水系统对于雨水水质确有净化作用。

4.3 雨水径流面污染去除

生物滞留草地、草沟、公园、各类雨水池、植草沟、植被截带、氧化塘和湿地系统等设施，透水铺装和下沉式绿地等技术措施对雨水径流中 SS、COD 等污染物具有良好的净化能力，对城市水污染控制和水环境保护具有重要意义。

地表径流具有"汇集"的特征，地表污染物随地表径流的汇集而进入江河湖泊；污水处理厂的尾水排水标准不高，企业为减少成本偷排污水的现象时有发生。截污工程推进缓慢，河流反复污染，水体黑臭现象突出。

水环境污染是由点源、线源和面源污染造成的。面源污染是指按以"面流"的形式向水环境排放污染物的污染源，包括如农田、农村和城镇面源污染。它们在降水和地表径流的冲刷过程中，使大量大气和地表的污染物以"面流"的形式进入水环境，城市面源污染是城市水体污染的重要污染源。

城市面源污染包括排放的污水和地表径流携带的污染物。而直接排放到水系所造成的污染包括垃圾等污染物及城市生活水和工业用水。

目前由于点源污染治理达到一定水平，而面源污染对水环境质量的影响日益扩大，所以面源污染治理正在逐步受到重视，但面源污染的发生存在时间随机、地点广泛、机理复杂以及污染物构成和负荷不确定等特点，使末端传统治理方法难以达到好的效果。

对于面源污染，源头截污就是在各污染发生的源头采取措施，将污染物截留，防止污染物通过雨水径流扩放，这些截留措施就是通过降低水流速度，延长水流时间，减轻地表径流进入水体的面源污染物负荷。

面源污染物含有悬浮物、耗氧物质、富营养物质、有毒物质、油脂类物质等多种污染物，通过截留净化雨水。截流营养物如氧、磷还是植被需要的生长肥料，维持生长又将污染物转化为资源。其中含重金属污染物的雨水渗入土壤中，会对土壤和地下水产生污染。植被、土壤阻断的大颗粒长期留在表层积累产生再次环境污染。

海绵城市建设的海绵体，对城市面源污染的削减起着非常大的作用，它可有效降低固体悬浮物（SS）和氮磷物质的含量，也可降低 COD，BOD 和重金属类污染物的污染等级，特别是悬浮物（SS）的去除率达 90% 以上。降雨过程中形成的径流携带污染物迁移，被植被、土壤截流和降解，减少了面源污染物随径流流入水体，大大削减污染物对接纳水体的污染。

由此可知，海绵城市的"海绵体"削减面源污染的过程，是雨水流经雨水花园、蓄水湿地和植草沟等，经过滤沉淀除去部分污染物后汇入河道，再经过河道中的自净化系统净化后水质得到进一步提高。因此，构建功能湿地和河道自净化系统就十分必要了。

4.3.1 水体的自净化系统

水体的自净化系统是指污染物进入河道和湿地水体后，水体可通过丰富的多样水生植物的光合作用、微生物的活动降解和基质的沉淀过滤实现水质净化的过程。影响水体净化系统的因素有水动力、土壤、植物和微生物。①水动力因素：主要影响水体中溶解氧的含量及污染物质的移动和混合；②土壤因素：土壤通过吸附、沉淀和过滤等作用去除污染物；③植物因素：植物可直接吸收氮、磷和重金属等污染物质净化水质；④微生物因素：微生物是污染物降解和氮、磷转化的主要驱动者。因此，要采取多级湿地、富氧曝气、多级跌水、植物浮床、湿地植被等技术措施保持水体自净化系统有效运行。

由于污染物发生时间的无序性，产生量的随机性、发生地点的广泛性、发生机理的复杂性，以及污染组成和污染负荷等不确定性，目前国内尚未形成较为成熟的生态工程水质修复效果标准化计算方法。因此，现阶段可采用下述基本公式估算法对水体自净化系统进行污染物削减模拟估算。

$$C_t = C_o \cdot e^{-Kt} \tag{4.3.1-1}$$

式中　C_t——为 t 时刻某污染物的浓度（mg/L）；

C_o——为某污染物的初始浓度（mg/L）；

K——为污染物降解系数（d^{-1}）；

t——为反映时间（d）。

已有研究者对特定植物及部分生态措施在特定环境下的污染物降解系数进行了估算，但对于多种措施在较大流域和区域空间，大尺度水体中的综合应用，尚无有效数据参考。因此，基于综合降解系数不易获取性，而采用对全部措施进行空间剥离逐一计算，再将计算结束叠加，合成总的污染物削减结果，即：

$$C_t = C_o{\prod_i^n}_e - K_i t_i \tag{4.3.1-2}$$

式中　i——为 i 个措施（如沉水植物、挺水植物、微生物激活素等）

C_o——为某污染物初始浓度（mg/L）；

C_t——为 t 时刻某污染物的浓度（mg/L）；

K_i——为污染物降解系数（d^{-1}），见表 4-2；

t_i——为污染物降解作用时间（d）；

其中水体平均滞留时间 t 按下式计算：

$$t = \frac{A \cdot H}{Q} \tag{4.3.1-3}$$

式中：A——为水域总面积（m^2）；

H——为水域平均水深（m）；

Q——为水域平均流量（m^3/d）；

污染物降解系数 $K(d^{-1})$　　　　　　　　　　　　　　　　　　　　表 4-2

植物种类	K
沉水植物	0.0398
挺水植物	0.0096
曝气器	0.0200
微生物激活素	0.0576

应注意，按公式（4.3.1-1）、式（4.3.1-3）计算的结果是该植物或措施在流域或河道中为全覆盖的降解结果；当该植物或措施仅为局部时，应将计算结果乘以该局部占总水域的面积比例为其实际降解效果。

举例（伍业钢 2016）：

假设某河流 A—B 段长约 7480m，宽约 15m，平均水深约 1m，平均流量为 1.7 万 m^3/d。其中 AA′ 断面 COD 浓度为 40mg/L，现将该段河道内种植 1/3 面积的沉水植物，1/3 面积挺水植物，每千米设置一个曝气器（平均覆盖），并布有微生物激活素（平均覆盖），预估未来 BB′ 断面的 COD 情况（K 值见表 4-2）。

（1）计算水体平均滞留时间，即：

$$t = \frac{A \cdot H}{Q} = \frac{7480 \times 15 \times 1}{17000} = 6.6\text{d}$$

（2）代入综合降解方式计算：

$$C_t = C_0 \prod_i^n e - K_i t_i$$

a. 沉水植物对污染物的削减后，河道 t 时刻污染物浓度：

$$C_{沉水} = 40 \times e^{-0.0398 \times 6.6} = 30.76$$

由于沉水植物仅占河道面积的 1/3，所以沉水植物削减量为 ΔC：

$$\Delta C = \frac{1}{3}(C_0 - C_{沉水}) = \frac{1}{3}(40 - 30.76) = 3.08$$

即：经沉水植物削减后：

$$C_{t1} = C_0 - \Delta C = 40 - 3.08 = 36.92$$

b. 挺水植物对污染物的削减：

$$C_{挺水} = 36.92 \times e^{-0.0096 \times 6.6} = 34.65$$

由于挺水植物仅占到河道面积的 1/3，所以：

$$\Delta C = \frac{1}{3}(C_{t1} - C_{挺水}) = \frac{1}{3}(36.92 - 34.62) = 0.76$$

即：经挺水植物削减后：

$$C_{t2} = C_{t1} - \Delta C = 36.92 - 0.76 = 36.16$$

c. 曝气器对污染物的削减：

$$C_{曝气} = 36.16 \times e^{-0.02 \times 6.6} = 31.69$$

d. 微生物激活素对污染物的削减：

$$C_{微生物激活素} = 31.69 \times e^{-0.0576 \times 6.6} = 21.67$$

综上，经该湿地区域持续稳定的过滤后，BB′ 断面的 COD 浓度可提升至 21.67mg/L。

污染物削减估算的主要意义在于适度的水质效果评估可以对生态工程设计产生积极的指导作用，从水力负荷、有机负荷、空间格局、水域面积、植被数量、新型净水技术等方面的分析均可对生态工程的方案选取及工程量给予综合参考。

水资源保护中，对水功能区纳污能力的计算，一般是按单一河道简化处理。对功能区内的多个入河排污口，则概化成一个集中的排污口，并将该排污口位于河段中点处，即该集中点源的实际自净长度为计算河段的一半。由污水排出流经下段某一断面的最大允许污量计算公式为：

$$M = [C_s - C_0 \exp(-KL/(86400 \cdot u))] \exp[Kx/(86400 \cdot u)] \cdot Q_r \qquad (4.3.1\text{-}4)$$

式中：M——污染物最大允许排放量（g/s）；

$\quad\quad C_o$——污染物的初始背景浓度（mg/L）；

$\quad\quad C_s$——控制标准浓度（mg/L）；

$\quad\quad K$——污染物综合自净系数（1/d）；

$\quad\quad L$——计算河段长度（m）；

$\quad\quad u$——断面设计流速（m/s）；

$\quad\quad Q_r$——断面设计流量（m³/s）；

$\quad\quad x$——排污口至控制断面纵向距离（m），排污口位于河段中点处，则 $x=\dfrac{L}{2}$。

4.3.2 水体自净化能力

雨水径流最终出路是受纳水体（河、湖、海洋），含有尚未完全处理的可被微生物降解的有机污染物的雨水进入水体后，污染物中耗氧性有机物会继续消耗水体中的溶解氧，同时大气中的氧也会不断地溶入水体中（即所谓复氧）。开始时，有机物浓度（BOD）较高，耗氧率大于复氧率，水体中的溶解氧不断减少，由于耗氧性有机物被微生物不断地降解，因而 BOD 不断减少，耗氧速率也随之减小。如果起始的 BOD 不是过高，总会有某一点的耗氧速率等于复氧速率，这一点称为临界点，此后耗氧速率小于复氧速率，水体中溶解氧会不断增加，如果再没有新的污染，溶解氧会恢复到未受污染前的状态，完成水体自净化过程，即为水体自净能力。图 4-3 显示过程曲线，称为氧垂曲线。

可用下式表示河中水体溶解氧在耗氧和复氧的共同作用下的变化速率：

$$\frac{\mathrm{d}c}{\mathrm{d}t}=-K_1L+K_2(C_s-C) \tag{4.3.2-1}$$

式中：K_1——有机物耗氧常数（d⁻¹）；

$\quad\quad L$——生化需氧量 BOD（mg/L）；

$\quad\quad C_s$——饱和溶解氧浓度（mg/L）；表 4-3 查出；

$\quad\quad K_2$——复氧常数（d⁻¹）；当缺乏水体实测数据时，由表 4-4 查出；

$\quad\quad C$——河中水体，实际溶解氧浓度（mg/L）。

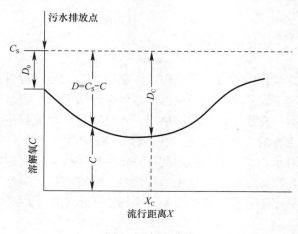

图 4-3 氧垂曲线

饱和溶解氧的数据 表 4-3

温度（℃）	饱和溶解氧值（mg/L）					温度（℃）	饱和溶解氧值（mg/L）				
	氯化物浓度（mg/L）						氯化物浓度（mg/L）				
	0	5000	10000	15000	20000		0	5000	10000	15000	20000
0	14.62	13.79	12.97	12.14	11.32	16	9.95	9.46	8.96	8.47	7.99
1	14.23	13.41	12.61	11.82	11.03	17	9.74	9.26	8.78	8.30	7.84
2	13.84	13.05	12.28	11.52	10.76	18	9.54	9.07	8.62	8.15	7.70
3	13.48	12.72	11.98	11.24	10.50	19	9.35	8.89	8.45	8.00	7.56
4	13.13	12.41	11.69	10.97	10.25	20	9.17	8.73	8.30	7.86	7.42
5	12.80	12.09	11.39	10.70	10.01	21	8.99	8.57	8.14	7.71	7.28
6	12.48	11.79	11.12	10.45	9.78	22	8.83	8.42	7.99	7.57	7.14
7	12.17	11.51	10.85	10.21	9.57	23	8.68	8.27	7.85	7.43	7.00
8	11.87	11.24	10.61	9.98	9.36	24	8.53	8.12	7.71	7.30	6.87
9	11.59	10.97	10.36	9.76	9.17	25	8.38	7.96	7.56	7.15	6.74
10	11.33	10.73	10.13	9.55	8.98	26	8.22	7.81	7.42	7.02	6.61
11	11.08	10.49	9.92	9.35	8.80	27	8.07	7.67	7.28	6.88	6.49
12	10.83	10.28	9.72	9.17	8.62	28	7.92	7.53	7.14	6.75	6.37
13	10.60	10.05	9.52	8.98	8.46	29	7.77	7.39	7.00	6.62	6.25
14	10.37	9.85	9.32	8.80	8.30	30	7.63	7.25	6.86	6.49	6.13
15	10.15	9.65	9.14	8.60	8.14						

注：表中淡水和海水中饱和溶解氧值的条件是：在总压力为 760mmHg 下，干空气中含氧 20.90%，一般工程计算可直接采用表中数据，中间数值可近似地用线性插入法求得。

复氧常数 K_2 表 4-4

水体类型	20℃时的 K_2 值
小池塘和受阻回流的水	0.043~0.1
迟缓的河流和大湖	0.1~0.152
低流速的大河	0.152~0.2
正常流速的大河	0.2~0.3
流动快的河流	0.3~0.5
急流和瀑布	>0.5

污水排放点下游任一时间 t 的亏氧量以下式表示：

$$D_t = \frac{K_1 L_0}{K_2 - K_1}(10^{-k_1 t} - 10^{-k_2 t}) + D_0 \cdot 10^{-k_2 t} \qquad (4.3.2\text{-}2)$$

式中：D_t——时间为 t 时的亏氧量（mg/L）；

D_0——在污水排污点处，时间 $t=0$ 的起始亏氧量（mg/L）；

L_0——起始点（排放口处）的有机物浓度，以第一阶段完全生化需氧量 BOD 表示（mg/L）；

t——河水与污水混合后，流至某断面的时间（d）。

在临界点处的亏氧量可用下式计算：

$$D_c = \frac{k_1}{k_2} L_0 10^{-k_1 t_c} \tag{4.3.2-3}$$

式中：t_c——临界时间（d）；

$$t_c = \frac{1}{k_2 - k_1} \mathrm{Lg} \left\{ \frac{k_2}{k_1} \left[1 - \frac{D_0 (k_2 - k_1)}{k_1 L_0} \right] \right\} \tag{4.3.2-4}$$

临界点溶解氧的量不得低于国家规定的标准（4mg/L）。

4.3.3 水生植物净化系统

水生植物指生理上依附于环境，至少部分生殖周期发生在水中或水表面的植物类群。水生植物大致可分为四类：挺水植物、沉水植物、浮叶植物和漂浮植物。而大型水生植物是除小型藻类以外所有水生植物类群。

水生植物有对水体中氮、磷、重金属及有毒有机物等各类污染物的清除作用，也有在水污染治理中的实践。水生植物是水生态系统的重要组成，是海绵城市海绵体的主要部分，是水体自净化的主体。

1. 水生植物对污染物的清除

（1）水生植物对氮磷的清除

湖泊水环境包括水体和底质两部分，水体中的氮磷可由生物残体沉降、雨水夹带、底泥吸附、沉积等迁移到底质中。而大型沉水植物的根部会吸收底质中的氮磷，不同的沉水植物对水体中的总氮总磷均有显著的去除作用，去除能力的大小顺序为伊乐藻＞苦草＞狐尾藻＞篦齿眼子菜＞金鱼藻＞菹草＞轮藻。

（2）水生植物对重金属 Zn、Cr、Pb、Cd、Co、Ni、Cu 等均有很强的吸收积累能力。研究表明，环境中的重金属含量和植物组中的重金属含量成正相关，因此，可以通过分析植物体内的重金属来指示环境中的重金属。水生植物对重金属富集能力顺序一般是：沉水植物＞浮水植物＞挺水植物。植物对重金属的吸收是有选择性的。金属不同于有机物，它不能被微生物降解，只有通过生物的吸收得以从环境中除去。

（3）水生植物对有毒有机污染物的清除。植物的存在有利于有机污染物的降解。水生植物可以吸收和富集某些小分子污染物。更多的是通过促进物质的沉淀和促进微生物的分解作用来净化水体。水生植物对 RHC、DDT、PCB、残留的吸收和积累中，果实比植株，叶比根贮存更多。某些水生植物也可降解 TNT，其中狐尾藻效果更佳。某些水生大型和浮游植物对除草剂秀去津敏感性更强。金鱼藻对灭害威的吸着能力，生长活跃的水葫芦对萘污染有净化作用，水生植物也可有效消除双酚、酞酸酯等的毒性。浮萍清除酚、清除COD 的能力也很强。

（4）水生植物与其他生物协同作用对污染的清除。根系微生物与凤眼莲等植物有明显的协同净化作用。一些水生植物还可以通过通气组织把氧气自叶输到根部，然后扩散到周围水中，供水中微生物，尤其是根部微生物吸收和分解污染物。在凤眼莲、水浮莲等植物根部，吸附有大量的微生物和浮游生物，大大增加了生物的多样性，使不同种类污染物依次得以净化。水生大型植物能抑制浮游植物的生长，从而降低藻类的现存量。

（5）水生植物的其他净化（改善水质）功能。水生植物在不同的营养级水平上存在维持水体清洁和自身优势稳定状态的机制。水生植物有过量吸收营养物质的特性，可降低水体营养水平；减少因摄食底栖生物的鱼类所引起沉积物重新悬浮，降低浊度；水生植物改善水质的功能，如稳定底泥、抑藻抑菌等，也有重要意义。沉水植物与沉积物、水体流动间有紧密联系，在生态系统中，它能起到提高水质，稳定底泥，减少浑浊度的作用。

2. 水生植物在污染治理中应用

（1）人工湿地

介质、水生植物和微生物是人工湿地的主要组成部分。其中的水生植物除直接吸收利用污水中的营养物质及吸附、富集一些有毒有害物质外，还有输送氧气至根区和维持水力传输的作用。而且水生植物的存在有利于微生物在人工湿地纵深的扩展。污水中的氮一部分被植物吸收作用除去，磷也能被植物直接吸收和利用。通过对水生经济作物的不断收获，移除氮、磷等污染物。同时发达的水生植物根系为微生物和微型动植物提供了良好的微生态环境，它们的大量繁殖为污染有机物的高效降解、迁移和转化提供了保证。介质、水生植物和微生物的有机组合，相互联系和互为因果的关系形成了人工湿地的统一体，强化了湿地净化污水的功能。

利用人工湿地和水生大型植物净化水体，作为一种净化技术，日益受到关注。可以保护环境，具有运行费用低和令人满意的净化效率等特点，在日本的琵琶湖已经进行了三年实验。匈牙利的人工湿地主要有三种类型：空白水平系统、潜流系统和人工漂移草地系统，在污水处理系统中，COD 的去除速率平均为 60%，水质达到自然水体标准。

（2）稳定塘

稳定塘也叫生物塘、氧化塘，是通过人工控制生物氧化过程来进行污水处理的工艺。它主要利用菌藻的共同作用处理废水中的有机污染物。稳定塘可用于生活污水、农药废水、食品工业废水和造纸废水等处理，效果显著稳定。

4.4 黑臭水体治理技术

黑臭水体治理是海绵城市建设的重要目标，国务院有关文件也多次强调消除城市黑臭水体的治理要求。黑臭水体治理应以海绵城市建设理念和方法，按照生态恢复和修复的目标要求，运用生态的手段进行恢复和修复，并维持一定比例的生态空间。

黑臭水体形成的原因：一是大部分黑臭水体的河湖流域在城市区域内；二是黑臭水体的集合区为城市雨污合流制排水系统的受纳水体，河水水质逐渐变坏，严重影响居民的正常生活，三是有的黑臭水体是河溪改造成排水沟渠，河床、河岸坡均用不透水石块、水泥砌筑成"三面光"，使河渠的自然生态本底和水文特征遭到破坏；四是城市排水系统虽是雨污分流制，但污水支管错接在雨水干管上的时有发生，高达 30% 以上，使大量污水通过雨水管道进入受纳水体，严重污染内河水系；五是暴雨冲刷地面污染物进入水系；六是水系生态本底被破坏、河水自净化能力下降，越污染越严重，造成城市黑臭水体，破坏城市生态环境，严重恶化环境质量。

4.4.1 城市黑臭水体的形成机理

城市黑臭水体的定义是指城市建成区内，呈令人不悦的颜色和（或）散发令人不适气味的水体的统称。

黑臭水体按污染程度分为"轻度黑臭"和"重度黑臭"两个级别（表4-5）。

城市黑臭水体污染程度分级标准 表 4-5

特征指标（单位）	轻度黑臭	重度黑臭
透明度（cm）	25～10*	<1.0*
溶解氧（mg/L）	0.2～2.0	<0.2
氧化还原电位（mV）	−200～50	<−200
氨氮（mg/L）	8.0～15	>15

*水深不足25cm时，该指标按水深40%取值。

1. 城市黑臭水体的形成机理

水体黑臭的主要机理是水体中溶解氧（DO）的含量随着有机污染物氧化耗氧降低，污染严重水体的复氧速率小于耗氧速率，水中DO不断减少，甚至接近于零，则使厌氧微生物大量繁殖。有机物发腐，散发恶臭硫化氢等气味和水体发黑，则水体发生黑臭现象。"黑臭"是水体有机污染的一种生物化学现象，是由于水体缺氧，有机物腐败厌氧分解而造成的。其直接原因是过大的水体有机污染负荷、底层污染以及底质的再悬浮作用，热污染、水动力条件不足以及 Fe 和 Mn 重金属污染等造成的。

2. 城市黑臭水体的污染成因

（1）黑臭在水里，根源在岸上。过大的水体有机污染物负荷来自城市污水管道排放，雨水冲刷，垃圾倾倒，地面污染物大量进入水体，即为外源污染。内源污染有河网堵塞以及底泥释放造成的有机污染的积累。过多的水体有机物导致水中好氧物质增加，则耗氧速度远远大于水面向水体中溶解氧的速度，因此，好氧细菌无法生存，数量迅速递减。而厌氧菌数量增加，大量有机物在厌氧环境下分解产生沼气、硫化氢、氨气等恶臭气体散发在环境空气中。

（2）底泥污泥以及底质的再悬浮作用

被污染的水体经过日积月累，部分有机物质通过沉淀作用沉入水底，或通过吸附作用吸附到颗粒物中随颗粒物沉降水底形成淤泥，经酸性、还原条件下，厌氧发酵产生的甲烷和氮气会通过底质的再悬物作用释放到水面，并且上浮气体可将底质污染物带出水面造成再次污染，加重了水体黑臭现象。

（3）热污染

温度对放线菌繁殖的影响很大，当温度为25℃左右时，其生长速率达到最大值，导致河流黑臭现象严重。由于大量有机污染物进入水体，在好氧微生物作用下，消耗了水体中的溶解氧，造成水体严重缺氧，使厌氧微生物大量繁殖并对分解有机物，造成水体黑臭。

（4）水动力条件不足

由于河道堵塞，河流污染物淤积；湖面水流缓慢等造成水体动力不足，导致河、湖的水体流动性较差，在通常情况下，当水流速度小于0.2m/s时，此时的水体交换作用减弱，大量浮游生物能够生长，容易导致水体暴发水华，藻类大量繁殖且释放藻毒素，严重污染了水体，更进一步加重了黑臭现象。

（5）Fe 和 Mn 重金属污染

文献资料显示，Fe、Mn元素在缺氧条件下被还原，与水中的硫生成 FeS、MnS 等金属硫化物的悬浮颗粒，从而引起水体发黑。

3. 黑臭水污染源

（1）点源污染。指以点源形式进入水体的各种污染源，主要包括：城市排水管排放口直排污废水，雨污合流制管道雨季溢流、分流制雨水管道初期雨水或旱流水，河流水体倒灌等非常规水源补水等。

（2）面源污染。指以非点源（分散源）形式进入城市水体的各种污染源，主要包括：降雨和冰雪融水携带的污染负荷、城乡接合部地区分散式畜禽类养殖废水的污染等，通常具有明显的区域和季节性变化特征。

（3）内源污染。指城市水体底泥中所含有的污染物以及水体中各种漂浮物、悬浮物、岸边垃圾、未清理的水生植物或水华藻类等所形成的腐败物。

（4）其他污染源。主要包括：城镇污水处理厂尾水超标、工业企业事故性排放废水、秋季落叶进入水体后逐渐腐烂沉入水底形成黑臭底泥。雨水管道和污水管道虽然分流，但施工中错接造成污水进入雨水管道而污染水体。

4.4.2　整治技术选择

城市黑臭水体整治应按照"控源截污、内源治理、活水循环、清水补偿；水质净化、生态修复"的基本路线实施，应依据黑臭水体污染源和环境条件，系统分析黑臭水体污染原因，合理确定水体整治和长效保持技术路线，相关技术的选择应遵循"适应性、综合性、经济性、长效性、安全性"的原则。

（1）控源截留技术

1）截污纳管技术。适用于从源头控制污水向城市水体排放，主要用于城市水体沿岸污水排放口、分流制雨水管道初期雨水或旱流水排放口、合流制污水系统沿岸排放口等永久性工程治理。

截污纳管是黑臭水体整治最直接最有效的工程措施，可谓"黑臭在水里，根源在岸上，关键在排口，核心在管网，"也是采取其他技术的前提。通过沿河湖铺设污水截流管网，并合理设置提升（输运）泵房，将污水截流并纳入城市污水收集和处理系统，图8-1（a）。对老旧城区雨污合流制管网，应沿河岸或湖岸布置溢流控制装置（溢流井），图8-1（c）。将截留的污水和初期雨水通过管道输送至污水处理厂，严禁将城区截流的雨污混合水直接排入城市河流下游，而溢流雨水排放口排至接纳水体。

在工程实际中，应考虑溢流装置排出口和接纳水体水位的标高，并设置止回装置，防止暴雨时倒灌。

2）面源污染控制

主要适用于城市初期雨水、冰雪融水、畜禽类养殖污水、地面固体废弃物等污染源的控制和治理，即采用各种低影响开发（LID）技术、初期雨水控制与净化技术，地表固体废弃物收集技术，土壤与绿化肥分流失控制技术以及生态护岸与隔离（阻断）技术。畜禽养殖面源控制主要可采用粪尿分类、雨污分离、固体粪便堆肥处理利用、污水就地处理后农地回用等技术。

（2）内源治理技术

1）垃圾治理

主要用于城市水体沿岸垃圾临时堆放点清理。城市水体沿岸堆放当前比较普遍，所以清理垃圾是污染控制的重要措施，是一次性工程措施，应一次清理到位。

2）生物残体及漂浮物清理

主要用于城市水体水生物和岸带植物的季节性收割、季节性落叶及水面漂浮物的清理。生物残体需在干枯腐烂前清理；水面漂浮物需长期清捞维护。

（3）清淤疏浚技术

适用所有黑臭水体，尤其重度黑臭水体底泥污染物的清理，快速降低黑臭水体的内源污染负荷，避免其他治理措施后底泥污染物向水体释放。该技术包括机械清淤和水力清淤等方式，工程中需考虑城市原有黑臭水的存储和净化措施；清淤工作不得影响水生物生长，清淤后回水水质应满足"无黑臭"指标要求。应合理控制疏浚深度，过深容易破坏河底水生生态，过浅不能彻底清除底泥污染物。底泥运输和处理处置不得存在二次污染风险，需要按规定安全处理。

（4）生态修复技术

1）岸带（驳岸）修复

主要用于已有硬化河岸（湖岸）的生态修复，是城市水体污染治理的长效措施。采取植草沟、生态护岸、透水砖等形式，对原有硬化河岸（湖岸）进行改造，通过恢复岸线和水体的自然净化功能，强化水体的污染治理效果。

2）生态净化

广泛应用于城市水体水质的长效保持，通过生态系统的恢复与系统构建，持续去除水体污染物，改善生态环境和景观。主要采用人工湿地、生态浮岛、水生植物种植等技术方法，利用土壤-微生物-植物生态系统有效去除水体中的有机物、氮、磷等污染物；综合考虑水质净化、景观提升与植物的气候适应性，采用净化效果好的本地物种，并关注其在水体中的空间布局与搭配。应用生态净化技术要以有效控制外源和内源污染物为前提（如处理接纳污水处理尾水等），对严重污染河道的净化效果不显著。

3）人工增氧

作为阶段性措施，主要适用于整治后城市水体的水质保持，具有水体复氧功能，可有效提升局部水体的溶解氧水平，并加大区域水体流动性。技术采用跌水、喷泉、射流，以及其他各类曝气形式有效提升水体溶解氧水平。重度黑臭水体不得采取射流和喷泉式人工曝气，再次带来空气污染。

（5）其他治理措施

1）活水循环

适用于城市缓流河道水体或坑塘区域的污染治理与保持水质，可有效控制水体的流性。通过提升水泵、水系合理连通、利用风力和太阳能方式，实现水体流动。

2）清水补给

适用于城市缺水水体的水量补充，或滞流、缓流水体的水动力改善、可有效提高水体的流动性，可利用城市再生水、城市雨洪水、清洁地表水。

3）就地处理

适用于短期内无法实现截污纳管的污水排放口，以及无替换或补充水源的黑臭水体，通过选用适宜的污废水处理装置，对污废水和黑臭水体进行就地分散处理，高效去除水体中的污染物，也可用于突发性水体黑臭事件的应急处理。其技术采用物理、化学或生化处理方法，选用占地面积小，简便易行，运行成本较低的装置，达到快速除去水中污染物的目的。应注意部分化学药剂对水生态环境的不利影响。

4）旁路治理

主要用于无法实现全面截污的重度黑臭水体，或无外源补水的封闭水体的水质净化。也可用于突发性水体、黑臭事件的应急处理。采用的技术是在水体周边设置适宜的处理措施，从污染最严重的区段抽取河水，经处理设施净化后，排放至另一端，实现水的净化和循环流动。但应该考虑后期的绿化或道路恢复，与周边景观的有效融合。

5 海绵城市水文水力数学模型模拟及雨水利用

5.1 数学模型

数学模型技术在水科学研究的各个领域得到了前所未有的快速发展和广泛的应用,其中水文水力数学模型是探索和认识水循环和水文过程的重要手段,也是解决水文预报、水资源规划与管理、水文分析与计算等实际问题的有效工具,是海绵城市建设的有效技术支撑。水文水力数学模型分为水文模型和水力数学模型。水文模型是通过采用系统分析的途径,将复杂的水的时空分布现象和过程概化给出近似的科学模型,水力数学模型则可以模拟水体自身的复杂动力场,模拟水体与其他介质如河床、管壁以及泥沙、污染物之间的相互作用。

5.1.1 水文模型

水文模型是模拟区域水文过程和认识水文规律的重要工具,对区域降雨产流、汇流计算、洪涝水分析和预报以及水资源利用与调度等具有重要意义。由于生产实践对水文模型的不同要求,以及水文学本身的发展和社会发展不同阶段各种新技术的结合,从而产生了不同的水文模型。目前广泛使用的大多数模型是概念性模型,这些模型用抽象和概化的方程表达区域的水文循环过程,具有一定的物理基础,也具有一定的经验性,模型结构相对简单,实用性较强。另一种是分布式水文模型,有坚实的物理基础,且具有反映区域响应的空间特征等诸多优点,但目前存在资料输入、参数尺度、能否反映产汇流机理及模型本身的算法等问题。

水文模型的应用包括以下基本步骤:①分析问题,确立目标;②收集资料;③确定计算设备及其计算能力;④分析其他经济和社会约束条件;⑤选择一种最恰当的模型;⑥率定模型,优选参数;⑦检验模型并予以评估;⑧模型应用。

水文现象是非常复杂的物理现象,它不仅受降雨时空分布特征的影响,还受区域下垫面、人类活动等因素影响。降雨到达地表面后,一部分通过地面渗入地下;一部分汇成地表径流流入江河、湖泊,最后汇入海洋;还有一部分通过蒸发蒸腾又回到大气中,遇冷凝结后,以雨和雪的形式再降落地面和海洋,循环往复。水文模型就是对复杂水循环过程的抽象和概化,能够模拟水循环过程的主要或大部分特征。区域可被认为是一个水文系统,降水量是系统的输入,流量是系统的输出,同样,蒸发蒸腾和地面下土壤中流也可以被认为是输出。水文模型建立这样的个输入和输出,通过模拟水循环过程,了解区域内水文因子的改变如何影响水循环过程,如:降水过程模拟、地面截流和入渗过程模拟、蒸发蒸腾过程模拟、地下水过程模拟、产汇流过程模拟等。通过水文模型对水循环的模拟,对区域在水资源开发利用、区域排水、防洪减灾、水库规划与设计、道路设计、面源污染评价、海绵城市建设的规划设计给予有力的技术支撑。

当前，我国自主研发、有影响力的水文模型还显欠缺，多是应用国外的得到广泛应用和普遍认可的模型，有如下几种。

1. 概念性水文模型

（1）暴雨洪水管理模型（SWMM）

SWMM模型集水文、水力、水质过程的模拟于一体。可计算产生城市径流的各种水文过程，包括时变降雨、地面水蒸发、积雪和融雪、洼地引起的降雨截流、降雨至不饱和土壤层的下渗、下渗雨水向地下水的渗透、地下水和排水系统之间交换、径流过程和污染物的输送、估算与径流相关的污染物负荷。

（2）降雨径流模拟系统（PRMS）

PRMS主要用于评价降水、气候及地表植被等变化对河流流量、泥沙冲淤量和河道水文过程的影响。PRMS模型可以模拟一般降水、极端降水及融雪过程的水量平衡关系、洪峰及洪峰流量、日平均径流、洪水过程以及土壤水等的变化。

（3）HSPF模型

HSPF模型用于较大流域范围内自然和人工条件下的水系中水文水质过程的连续模拟。广泛用于区域水文、水质模拟研究，包括气候及土地利用变化对区域产流的影响，区域点源或非点源污染负荷估算、泥沙、营养物质、杀虫剂传输模拟及各种区域管理措施对河流水质的影响等方面的研究。

（4）HBV模型

HBV模型是一个降雨—径流模型，它覆盖实时预报数据质量控制、流量资料的插补和延长、设计洪水、水量平衡示意图、水量平衡研究、气候变化模拟以及地下水过程模拟。

2. 分布式水文模型

（1）SHE模型

SHE模型考虑了蒸发蒸腾、植物截留、坡面和河网汇流、土壤非饱和流和饱和流、融雪径流以及地表水和地下水交换等过程。SHE模型适用的范围很广，也得到广泛应用。模拟范围从很小的区域（$30m^2$）到面积为$5000km^2$的大中型区域，模拟时间尺度从日到数十年甚至更长。模型以及扩展模块能够模拟由于降水和降雪融化而造成的水文响应以及土壤侵蚀、泥沙输送等过程。

（2）SWAT模型

SWAT模型在区域水量平衡、长期地表径流以及日平均径流模拟等方面得到广泛的应用，在产沙量、农药输移、非点源污染等方面也得到应用。SWAT模型的优点是：基于物理过程，输入数据容易取得，运算效率高，连续时间模拟，能够进行长时间模拟，具有综合的水文模型，模拟定量和定性的水量平衡项。SWAT是一个非常灵活且功能强大的模型，可用于模拟大量的水循环、土壤侵蚀和非点源污染问题。

（3）可变下渗能力模型（VIC）

VIC模型是一个大尺度陆面水文模型，可同时进行陆—气间能量平衡和水量平衡模拟，也可以只进行水量平衡的计算，输出每个网格上的径流深和蒸发，再通过汇流模型将网格上的径流深转化成区域出口断面的流量过程，弥补了传统水文模型对热量过程描述的不足。VIC 模型逐渐开发发展到 VIC-2L、VIC-3L，能对大尺度区域径流模拟，能动态模拟地下水流的大尺度陆面水文模型。

（4）TOPKAPI 模型

TOPKAPI 模型是一个结构简单合理、以物理概念为基础的分布式区域水文模型，它结合地形学和运动波水力学方法采用网格尺度，网格大小从几十米到几千米不等，能描述区域降雨—径流过程中不同水文和水力学过程，模拟的参数可以在地形、土壤、植被或土地利用等资料的基础上获得，所需的高程、土壤和植被类型等基本数据也可以从网络资源获取。该模型可应用于洪水预报、土地利用和环境影响评价、洪水极值分析以及无资料地区水文模拟计算等。TOPKAPI 模型还可作为描述水流运动的基本模块，应用于描述溶解物输送的平流扩散、水质模拟和土壤侵蚀等。

5.1.2 水力模型

当前水力模型广泛应用于海绵城市建设的总体规划设计中，对城市相关现状排水能力的评估，城市内涝风险评估，对城市排水防涝方案进行方案比选和优化，雨水管渠的规划方案进行校核优化，对涝水的汇集路径进行分析，结合城市竖向和受纳水体分布以及城市内涝防治标准，合理布局涝水行泄通道等海绵城市建设总体规划设计使用水力模型。通过计算机模拟分析获得符合实际的优化比选方案，所以编制海绵城市规划一个重要的工具就是要用模型软件建立水力模型。而水力模型需要大量准确的现状排水设施基础数据。我国目前除了大城市外多数中小城市排水设施的资料比较缺乏，规划前需要对排水现状设施进行普查，这样就增加了规划编制的难度。如何能快速准确地收集到排水设施基础资料成为成功编制完成规划的关键。

（1）水力模型四类基础数据：

1）流域特征数据包括：地理信息数据、流域地表数据、流量基础数据、雨量基础数据、城市规划数据、流域水文数据、水质参数据等等；

2）管网基础数据，包括：管网信息数据、排水构筑物数据等等；

3）模型参数数据，包括：径流参数数据、土壤渗透数据、蒸发系数数据、水头损失数据、流量变化数据等等；

4）管网维护数据，包括：管网养护数据、管网检测数据、管网控制数据等等。

通过收集排水系统相关数据和建立水力模型，使收集到的基础数据得到分析，整合和浓缩，因此水力模型是排水系统基础数据和各类基本参数的系统化、科学化的高度集合。水力模型既可以重现排水系统过去的运行系统，也可以预测排水系统未来的运行表现。

（2）水力模型的用途是：第一，水力负荷计算功能；第二，污染物浓度计算功能。利用这两种计算功能，可实现多种模型应用目标。

从 20 世纪 90 年代随着计算机的发展水力模型技术在国外已经很成熟。目前水力模型软件应用广泛的有 DHI 丹麦水力研究的 mike urban 城市给水排水管网模型软件，EPA（美国环境保护署）的 SWMM 暴雨洪水管理模型软件，美国 bentley（奔特力）公司的 Sewergens 市政排水系统综合模型和英国 Wallingford 公司的 infoworkscs 排水模型软件。这些模型软件在原理上基本相同，即求解 st. Venant 方程，确定管段流量和节点水位，不同之处在于求解非线性方程的方法及输入/输出的界面，以及程序开发人员对专业需求理解的差异和程序功能设计的差异。

目前，国内外采用较多的城市雨洪管理模型主要有：SWMM、STORM、HSPF、DR3M—QUAL、MUSIC 等。SWMM 模型是一个动态的降水—径流模拟模型，SWMM 可以对单场降雨或者连续降雨而产生的坡面径流进行动态模拟，进而解决与城市排水系统相关的水量和水质问题。用于研究城市暴雨径流污染和城市排水系统的管理。近年来，SWMM 模型在我国城市排水系统中的应用越来越多。

5.1.3 SWMM 应用

SWMM 模型集水文、水力、水质过程的模拟于一体，具有强大的水文、水动力模拟功能，对雨水合流制管道、自然排放系统都可以进行水量、水质的模拟，包括地表产流、地表汇流、排水管网输送，贮存处理及受纳水体的影响等过程。SWMM 模型对数据输入时间间隔可以是任意的输出结果也可以是任意的整数步长，而且对于计算区域的面积大小也没有限制，是一个通用性很好的模型。SWMM 是一个基于水动力学的降雨—径流模拟模型，它是一个内容相当广泛的城市暴雨径流水量、水质模拟和预报模型，既可用于城市径流场次洪水，也可用于长期连续模拟。SWMM 于 1971 年开发，经过发展升级产生很多新的版本，被广泛应用于规划、分析和设计暴雨洪水径流、混合下水道、卫生排污系统及其他城市排水系统。现在的 SWMM5 为研究区的输入资料、运行水文资料、模拟水力和水质以及查看最后输出结果均提供了一个完整的环境和平台。

SWMM 计算产生城市径流的各种水文过程，包括时变降雨、地面水蒸发、积雪和融雪、洼地引起的降雨截留、降雨至不饱和土壤层的下渗、下渗雨水向地下水的渗透、地下水和排水系统之间的交换、地表径流线性水库演算。也能为径流过程和污染物的输送模拟，估算与径流相关的污染物负荷。该模型有 4 个计算模块（径流 Runoff、输送 Transport、扩展输送 Extran、贮存/处理 Storage/Treament）组成。SWMM 通过这些模块分别模拟不同的降雨径流过程。《室外排水设计规范》GB 50014 要求，雨水量设计流量计算时，当汇水面积超过 $2km^2$ 时，宜考虑降雨在时空分布的不均匀性和管网汇流过程，采用数学模型法计算雨水设计流量，而不得采用推理公式法。

目前我国排水管网设计主要还是使用推理公式法，该方法只能考虑管网运行的最不利情况和计算当前设计管段。而忽视了实际运行的管网中流量是随时间而变化的，周边与之相连的管网中的水流也是有影响的。因此传统的推理公式法不能准确反映排水系统的真实运行状态。而排水管网水力模型技术可以较为精确地计算排水管网的重力流水力学特性、满管流水力学特性、壅水现象、管道中的水力坡降线，控制构筑物中的流态、枝状和环状管网的水力学特性等。水力模型技术可以模拟真实管网的运行状态，分析评估现状排水系统的状况，找出排水系统中瓶颈管段。还可以为规划设计提供智能化平台，使设计人员在水力模型平台上直接进行设计、计算、方案比选，对排水系统中的瓶颈管段制定改扩建方案，可以对比分析各种方案的水力模型计算结果，最终获得最优化设计方案，为规划设计提供决策支持。

5.1.4 水力模型内涝风险评估案例

采用水力模型 DHI 的 MIKE21 构建快速评估模型进行内涝风险评估方法。

目前，正在全国开展城市排水防涝规划工作，面对我国大部分的城市（特别是一些中小城市）缺乏城市排水管现状的普查资料或没有系统地编制城市雨水管道规划，因此，在采用水力模型进行城市排水系统的评估和绘制城市涝水积聚的风险图的过程中，面临缺少管道技术参数数据，无法构建模型的困难。为探讨大型城市排水防涝系统的快速评估模型的构建方法，马洪涛等人采用这种方法，以北京市作为案例进行研究应用，为其他城市开展模型构建工作提供技术参考。

1. 模型构建流程

（1）模型理论假设。降雨产生积水的过程可以转化为：首先，降雨到地面后发生汇流；然后，产生的地表径流一部分被管道排除，另外一部分在地面流动；最后，在地面的雨水随地形流动到地面低点而产生积滞水区域。

本研究不依赖于管道详细数据进行模型构建，对管道排除水量进行概化，其概化方式为：对降雨到地面后产流过程以按照径流系数扣损降雨得到的净雨方式进行概化；对管道排除的水量以区域设置管道排水能力按照管道标准进行雨水排除概化；对地面积水利用二维模型模拟其地面流动过程及最终积滞水情况。

（2）数据来源。采用地形数据为比例尺 1∶500 和 1∶2000 地形图数据。雨水管道的流域及规划设计标准采自北京市中心城防洪防涝系统规划。

（3）数字高程模型（DEM）格栅精度。考虑地形图的比例尺为 1∶500 和 1∶2000 以及市中心城区面积过大导致数据量较大的因素，同时考虑如果 DEM 精度低于 20m 的话，会导致很多城市道路宽度小于 DEM 格栅大小从而影响结果精度，故确定 DEM 的格栅精度为 5m×5m。

（4）设计降雨。设计采用北京市《城市雨水系统规划设计暴雨径流计算标准》DB11/T 969—2013 中所确定的 24h 设计降雨，其降雨雨型如图 5-1。

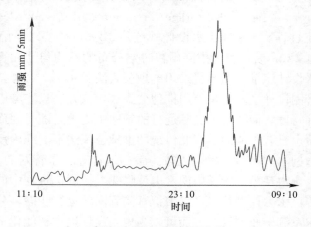

图 5-1　北京市降雨雨型

（5）设计净雨。将现状用地分为 6 类不同的下垫面形式，分别为绿地、裸土、水面、屋顶、道路路面及硬质铺装的广场、小区内部铺装，径流系数分别选取为 0.3、0.25、0、0.8、0.9 和 0.7。对于规划径流系数，选择（DB11/T 969—2013）中规定综合径流系数为 0.65。根据不同下垫面的径流系数和设计降雨可以得到现状不同下垫面和规划的设计降雨。

（6）管道排除能力设置。

由于城市管道系统构成较为复杂，每个系统的流域面积、流域形状、坡度、汇流速度均不一致，因此准确确定每条管道排除能力是较为复杂的工作。而研究认为在城市尺度上进行模型模拟工作，在保证整体精度的条件下，主要关注对象为雨水干管管线。由此，首先将中心城划分750个排水分区，分别计算每个排水分区干线管道出口处的排水能力，亦将其转换为降雨强度，以此作为每个排水分区的管道排除能力。在计算排水分区的干线管道出口处的排水能力时，可采用两种方式：第一种可以根据出口管道实际管径、坡度进行计算得到管道排除能力；第二种可以根据干线的汇流时间，利用暴雨强度公式计算得到。经核算，北京市中心城各排水分区的现状排除能力为20～42mm/h，规划排除能力为35～62mm/h。

（7）边界条件。

考虑北京自然排水条件较好，同时模型无法详细模拟雨水管道受到顶托的现象，因此，研究假设下游河道对于管道没有顶托现象或者河水倒灌现象。

（8）其他参数

考虑城市下垫面构成较为复杂，同时城市局部微地形较多，这些因素均会对城市地表流行的粗糙率带来影响。研究根据北京的经验地面汇流速度和地面坡度估算了综合粗糙率值确定为0.03。

2. 模拟结果

（1）积水点情况总结分析

用快速评估模型对北京中心城积水点进行模拟，根据积水情况研究将积水点进行了分类，具体分类标准为：积水深度<0.15m视为不积水；积水深度0.15～0.27m为轻度积水；积水深度0.27～0.5m为中度积水；积水深度0.50～0.80m为重度积水；积水深度>0.80m为严重积水。根据模拟结果，并与历年积水点进行比较和统筹，围绕市政交通路网，筛选出内涝比较严重的积水点共79个。

（2）模型模拟结束准确性分析

与在北京市中心城区同一区域构造的耦合模型（耦合管道、河道、二维漫流模型），选择与快速模型相同或者等效的参数进行模拟的结果对比表5-1。

不同模型模拟结果比较 表5-1

积水点	最大积水深度（cm）		积水时间（min）	
	耦合模型	快速模型	耦合模型	快速模型
1	52	62	73	93
2	60	48	96	73
3	72	63	214	154

由表5.1.4看出两者有一定差异。造成这个差异的主要原因就是耦合模型中雨水的排除量是利用管道一维模型进行计算得到的，则在模拟过程中每条管道的排除能力可能均和快速评估模型中设置的管道排除能力存在一定差异，这个差异导致了积水量均存在一定区别。但通过结果可以看出，两个模型在积水点的空间分布上模拟结果基本一致，具体的积水深度和时间也基本在同样的评估范围内，结果可以作为一些宏观分析的依据。

（3）模拟在规划中的用途分析

快速评估模型在防涝规划中主要用途有两方面。

① 快速识别城市易涝区

对于大城市，通过快速评估模拟，可较为快速地识别出现状情境下和规划情境下的城市内涝风险区域。得到区域分布后，一方面便于城市规划用地的安排，提高城市的安全性；另一方面在编制城市防涝规划中，合理确定工作重点和工作顺序，按照内涝风险从高到低的顺序分片工作，提高规划编制效率。

② 快速评估不同雨水系统改造方案和地形

采用快速评估模型模拟，只需要对不同标准雨水系统排水能力进行评估，在模型中设置相关参数，就可以评估出提标改造的效果。同时，模型中对于地形进行适当修改后，可以较快地模拟地形修改对于内涝风险的影响，从而为规划编制方案提供技术支撑。

（4）模型推广适用性分析

快速评估模型最大的特点在于建模时脱离对管道详细数据的依赖，正适用于缺乏管道详细数据的大多数城市编制排水防涝规划的需要，有着广泛的推广应用价值，对于推进模型普及和城市排水防涝规划编制具有较好作用。

（5）快速评估模型构建过程中主要注意问题

① 排水下游河道有无顶托进行判断，有顶托时，应适当降低管道排除能力；

② 模型 DEM 格栅精度不宜太细，否则会导致模型数据量过大，影响模型的运算速度、稳定性等，格栅大小比绝大部分道路小即可。

③ 管道能力设置时，对现状管道能力设置时，对计算汇流时间，应考虑延续系数值的问题。

快速评估模型构建方法简单，操作简便，数据需求量少，具有较好的适用性，可以支持各城市进行排水防涝设施规划。

5.2　雨　水　利　用

雨水利用是一种综合考虑雨水径流污染控制，城市防涝以及生态环境的改善等要求，建立包括屋面雨水积蓄系统、雨水截污与渗透系统、生态小区雨水利用系统等，将雨水用作喷洒道路、灌溉绿地、蓄水冲厕等城市杂用水的技术手段，是城市水资源可持续利用的重要措施之一。

5.2.1　雨水利用的意义

我国城市面临洪涝灾害和水资源紧缺的双重挑战，需要整体的、综合的、多目标的利用方式，而非单一目标的防洪排涝或工程的利用方式。

1. 减缓洪涝灾害

通过建立完整的雨水利用系统（由河流水系、坑塘湿地、绿色水道和下渗系统共同构成），可以有效调节雨水径流的高峰流量，待最大流量下降后，再将雨水慢慢排出，保障国土免受洪涝灾害。

2. 减少污染物排放

雨水冲刷屋顶、路面等硬质铺装后，其污染比较严重，通过坑塘、湿地和绿地通道等沉淀和净化，再排到雨水管网或河流，会起到拦截雨水径流和沉淀悬浮物的作用。

3. 实现雨水资源化

一方面通过保护河流水系的自然形态，增加坑塘湿地等下渗系统，保障地表水和地下水的健康循环和交换，可以间接地补充城市水资源；另一方面，通过净化之后的雨水，可以直接补充水资源用于非饮用水。

5.2.2 雨水利用案例

1. 北京加强雨水利用

据统计，2015 年北京市城镇雨水综合利用量达 1.62 亿 m^3。

北京市中关村展示中心门前，将建占地 $2000m^2$，深约 4m 的巨型蓄水系统，系统由 800 口渗水井组合排列而成，结构类似蜂巢、库容 $7000m^3$，设计可利用调蓄雨水 9.28 万 m^3。北京市利用城镇公共绿地，新建改造一批雨水利用设施，亦庄开发区的博大公园就是其中之一，占地约 18 万 m^2，园内下沉式低湖收集周围 $2km^2$ 范围内雨水。

北京市 2015 年底投入使用城镇雨水利用工程已有 1178 处，综合利用能达 3139 万 m^3。

2. 荷兰鹿特丹的水广场

有"低国之称"的荷兰约有 1/4 国土低于海平面，鹿特丹是其中之一，城市面临海水、河水、雨水与地下水四种水的威胁。

鹿特丹采用打造"水广场"的方式智慧治水，水广场由几个形状、大小和高度各不相同相的水池组成，水池间有渠道连通。平时，这里是平民娱乐休闲广场；一旦暴雨来临，水往低处流，水广场就变成一个防涝系统。在水广场，雨水不仅可在不同水池循环流动，还可以被抽取储存作为淡水资源。

3. 德国

实现水资源的循环利用，将处理雨洪的思路以单纯的排放转化为利用是"海绵城市"的另一大理念。德国就建立了多级雨水利用系统，实现"变废为宝"。首先，屋面雨水积蓄系统，通过将雨水简单处理，用作厕所冲洗和庭院浇洒等非饮用水。其二，是雨水截污与渗透系统，道路雨洪通过排污管道排入沿途大型蓄水池，管道口的截污挂篮可拦截雨洪携带的污染物；城市地面的可渗透地砖能有效减少径流。最后是生态小区的雨水利用系统，小区沿排水道修建了有植草皮的可渗透浅沟，供雨水下渗。超过渗透能力的雨水则进入雨洪池或人工湿地，同时构成水景。

5.2.3 雨水水质处理工艺

在房屋比较集中的住宅小区一般是在地下设计一套雨水回收利用系统。这样就可以把周边所有屋顶的雨水都汇流起来集中进行处理使用。该系统的收集处理流程：雨水管道→雨水粗分→初雨抛弃→在线过滤→雨水收集→雨水蓄水模块→分质供水。

1. 雨水粗分：雨水从屋顶汇集后进入落水管，与雨水同时进入落水管的树叶、树枝等粗大杂物被过滤网阻挡，雨水则进入收集器；

2. 初雨抛弃：屋顶是露天的，容易受到污染，雨水冲洗了屋顶等受雨面的灰尘，以及可溶的与不可溶的杂物、污染物，因此这部分雨水被称为初雨，应该抛弃，这类水一般直接排放。

3. 雨水分质收集：当降雨继续进行，雨水经过动力在线过滤器，进入第一收集器之前的雨水在流经过程中完成了在线过滤，去除了雨水中 2mm 以上的杂质进入第一收集器，这类水可以用于浇花、冲地等；进入第二个收集器，这类水可以用于生活杂用，如冲厕所、洗澡、洗衣服；当雨水进入储存器后，这类水经过杀菌即可直接饮用，也可以煮沸饮用。

雨水回收利用系统工艺说明：初期雨水经过多道预处理环节，保证了所有收集雨水的水质。采用蓄水模块进行蓄水，有效保证了蓄水水质，同时不占用空间，施工简单、方便，更加环保、安全。通过压力控制泵和雨水控制器可以很方便地将雨水送至用水点，同时雨水控制器可以实时反映雨水蓄水池的水位状况，从而到达用水点。

5.2.4 家庭雨水利用

1. 概况

实现海绵城市建设的雨水利用资源化，节约用水，修复水环境与生态环境，减轻城市洪涝的雨洪控制，建筑和小区的雨水利用的贡献率不可忽视，城市的建筑地占 20%～40% 左右，也就是说屋面面积为城市用地 20%～40% 左右，把建筑屋面管起来，就是把降雨总控制率的 20%～40% 控制住，会很好解决城市内涝问题。若以建筑小区和居住家庭为单位，将屋面雨水收集利用，可以起到节水和减灾的双重作用。许多发达国家都注意到这一点。德国是欧洲开展雨水利用最好的国家之一，雨水利用形式就有屋面雨水积蓄系统及生态小区利用系统等，而且政府还规定雨水利用好的市民奖励制度，对不利用屋面雨水实行雨水费制度。另外，德国还收取雨水排放费，对于雨水利用设立相应的经济激励措施。如目前德国在新建小区之前，无论是工业、商业还是居民小区，均要设计雨水利用设施，若无雨水利用措施，政府将征收雨水排放设施费和雨水排放费。目前，德国的雨洪利用技术已进入标准化、产业化阶段，市场上已大量存在收集、过滤、储存、渗透雨水的产品。

2. 案例

家庭雨水收集系统，即屋面雨水收集系统主要组成部分包括雨水收集面、落水管、集水箱、处理和储存装置等；小区的公共绿地、地面、屋面雨水集中收集利用修建雨水花园，营造良好人居环境。

将居住建筑的阳台设计成阳台花园，收集利用雨水创造生态性景观。通过简单的方式收集雨水，利用雨水灌溉阳台植物，为家庭创造免费食材。

建筑墙体将植物以无土栽培种植在墙体上，并与室内环境融为一体，这种利用雨水生态墙，夏天可以吸热，冬天能加湿，起着调节温湿的作用。生态墙的用水来自收集的雨水，不仅节约自来水，而且水中物质更有利于植物的生长，利于绿色生态建筑的构建。

目前，国内有很多研发建筑、小区和家庭雨水利用资源化的企业公司，技术也相当成熟，应用于工程实践（图 5-2、图 5-3）经收集处理雨水达到国家杂用水水质标准，用洗车、冲厕、池塘、夏季降温、洗衣、太阳能热水、洗澡、浇花、消防、旱灾时急用等等。

案例 1

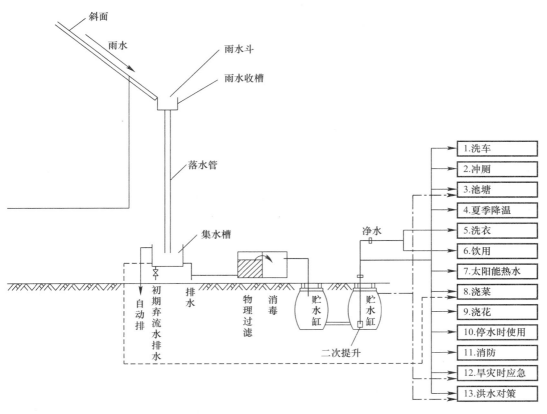

图 5-2 家庭雨水利用的 13 种用途

案例 2

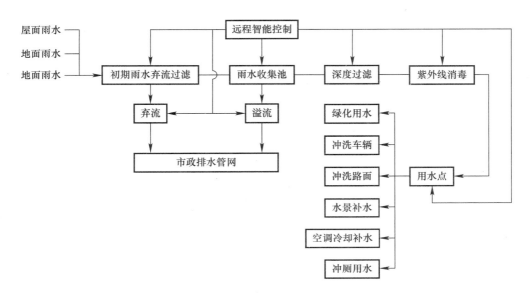

图 5-3 小区、家庭雨水利用工艺图

5.3 低影响开发与绿色建筑的关系

1. 低影响开发

低影响开发（LID）是海绵城市建设的源头减排的绿色雨水基础设施。它在城市雨洪管理中以"蓄、滞、渗、净、用、排"的机理起到雨洪调蓄、径流削减、水质保护、清洁水源等方面提供的生态系统服务价值。

低影响开发（LID）技术措施是海绵城市生态雨洪管理的重要组成，它强调保护原生态、修复和恢复原生态，人工生态建设的理念，自然地管理暴雨，注重自然雨水处理和人工设施相协调和互动，转变传统的"管网工程快排水"模式为"自然生态缓排水"的模式。用绿色雨水基础设施替代全部或部分排水管网的功能，径流经过绿色雨水基础设施的过滤、滞留和就地入渗后，再进入城市排水管渠系统收集排放至受纳水体。这样将绿色雨水基础设施和城市排水管网设施结合起来，共同承担城市常态化的雨洪管理功能，保障了城市的正常有序运转。低影响开发技术措施能够使得城市场地开发后，仍能保持和接近场地开发前的水文特征。

低影响开发（LID）的绿色雨水基础设施，具有生态的、社会的、经济的和景观等的多方面指向。

1）降低城市洪涝灾害风险。可以降低城市径流系数，降低暴雨径流量和峰值，防止水土流失，同时具有调蓄雨洪的功能，可以显著降低洪涝灾害的发生频次。

2）保持城市水环境健康。对地表径流污染物具有良好的去除净化能力，为城市受纳水体减少污染。

3）建设和维护成本低。绿色雨水基础设施具有一定投资、运行和维护的优势，降低能源消耗和城市基础设施建设成本。

4）提高雨水资源化利用率。能收集雨水增加雨水入渗，强化地下水交换，补充地下水和雨水回收利用。

5）提供绿色开放空间。绿色雨水基础设施无疑提高城市绿化率，改善城市生态环境，促进区域水循环，也为城市公众提供了具有文化与审美价值的生态休闲游憩、科普教育、人性体验的绿色空间。

6）提升土地开发价值。可以有效利用城市土地资源，提升区域人居环境品质，促进区域开发和土地升值。

2. 绿色建筑

绿色建筑是指在建筑的全寿命周期内，最大限度地节约资源、节能节地、节水、节材、保护环境和减少污染，提供健康适用、高效使用与自然和谐共生的单体建筑、建筑群。绿色建筑不破坏环境基本生态平衡，世界各国竞相推出"绿色建筑"来保护地球。绿色建筑的室内布局十分合理，尽量减少使用合成材料，充分利用阳光，节省能源，为居住者创造一种接近自然的感觉。以人、建筑和自然环境的协调发展为目标，在利用天然条件和人工手段创造良好、健康的居住环境的同时，尽可能地控制和减少对自然环境的使用和破坏，充分体现向大自然索取和回收之间的平衡。

绿色建筑设计理念，强调节省能源，节约资源，回归自然，保护自然生态环境。其绿色评价标准为：

1）节地和室外环境。即集约利用土地，场地内合理设计绿化用地，合理开发利用地下空间；室外环境不被污染，采取措施降低热岛效应。

2）节能和能源利用。建筑围护结构热工性能指标优越节能。热源机组、水系统、风系统单位耗能量低，能量回收综合利用。

3）节水与水资源利用。供水应为节水系统，合理使用非传统水源，结合雨水利用设施进行景观水体设计，控制雨水面源污染，利用水生动植物进行水体净化。

4）节材与材料资源利用。采用工业化生产的预制构件，合理采用高强建筑结构材料，采用可再利用材料。

5）室内环境质量。室内声环境、光环境与视野、热环境、空气质量等满足评价标准要求。

3. 两者的关系

低影响开发和绿色建筑的构建有相同、相似的某些方法，但两者不能等同。因为两者研究的对象差异很大，即低影响开发研究对象是雨洪管理，绿色建筑研究对象是建筑，虽然两者有重叠的技术措施，但同样的措施要达到的技术标准是不同的。例如，绿地植被面积对雨洪管理越大越有利；而对绿色建筑则有节地要求，达到标准即可。又如绿色建筑要求节水，而更多使用非传统水源利用的雨水量越多越节水，可是按低影响开发措施标准设计的调蓄水量远不能满足建筑小区的用水量要求，所以建筑小区的雨水利用设施的设计标准远高于低影响开发的设施的设计标准。

6 海绵城市建设规划

海绵城市规划是建设海绵城市主要依据。海绵城市规划应由城镇人民政府组织领导，统一协调建筑、市政、园林绿化、水利、水务、气象、水文等部门的协调和支撑，是城市总体规划的重要组成部分。海绵城市规划以雨水综合管理为核心，是以"源头减排—雨水收排—排涝除险—超标应急"和城市防洪保护安全的综合性、协调性规划。

海绵城市规划应根据城市降雨、土壤、地形地貌等因素和经济社会发展条件，综合考虑水资源、水环境、水生态、水安全等方面的现状问题和建设需求，坚持解决城市内涝、水体黑臭、保护生态等问题导向与目标导向相结合，因地制宜地制定低影响开发雨水系统、城市雨水管渠排水系统、超标雨水内涝防治系统、城市防洪保护系统的系统方案。海绵城市规划编制除应依据收集相关总体等规划资料，以及气象、水文、地质、土壤、水系、地形地貌等基础资料和必要的勘察测量考察资料外，还应广泛听取有关部门、专家和社会公众的意见。

海绵城市规划编制过程分总体规划和详细规划两个层次，详细规划又分控制性详细规划和修建性详细规划两个深度层次。本章叙述的为海绵城市建设规划内容。

6.1 规划编制基础资料

规划需要收集的资料分为基础性资料和辅助性资料。基础资料是进行海绵城市建设的必备资料，辅助资料在一定程度上可以丰富规划内容和深化规划内容的依据，从而达到规划成果优化和可靠。

6.1.1 基础资料

1. 地形图（比例尺 1/25 万～1/100 万）；

2. 降雨参数（30 年以上日降雨数据、暴雨强度公式、满足水文水力模型模拟数据等）；

3. 城市下垫面（最新现状用地图）；

4. 土壤类型分布（土壤密度、渗透系数、地下水埋深等）；

5. 城市排水体制分区（分流制、合流制、管道系数等）；

6. 近年城市内涝情况（内涝发生次数、日期、日降雨量、淹水位置、深度、时间、现场照片、损失情况、原因分析）；

7. 城市水系（河、湖、湿地、沟渠等）；

8. 已有城市规划、控制性规划（城市总体规划、控制性规划、各有关专业规划）；

9. 用地特征分类（现状和规划用地及使用情况）；

10. 城市蓝线（规划确定的江、河、湖、库、渠和湿地等保护地域界线）；

11. 城市绿线（划定各类绿地控制线）；

12. 污染行动规划（黑臭水体治理、雨污分流改造、流域污染防治、水源保护、农村污染防治、城镇生活、污染治理、工业污染防治等）；

13. 旧城改造方案；

14. 道路建设规划（在建及待建道路）；

15. 城市规划范围内容（森林公园、风景名胜、自然保护区等）；

16. 重要生态空间（绿色生态廊道，林湖湿地面积等）；

17. 城市经济、城建计划；

18. 水环境、环境质量报告书（已批准）；

19. 污染源（点源污染、面源污染）；

20. 环境保护污染物总量控制。

6.1.2 辅助性资料

1. 水工保持规划、水土流失未治理规划等；

2. 工程地质分布图及说明，地质灾害评价和分布图；

3. 现状场地建设方案图（近、远期实施方案）；

4. 老旧小区改造方案和实施情况；

5. 供水管网分布图及建设年限，运行状况；

6. 园林绿地用水量及水源；

7. 建设投资、融资来源方式；

8. 水源保护区比例、城市供水厂规模及数量；

9. 初期雨水污染特征、污染源调查情况；

10. 环境生态保护和城市生态保护建设规划方案；

11. 水资源综合规划、水资源供给量、城市用水量、水质状况；

12. 供排水设施现状、包括水厂、污水厂、再生水厂、泵站及管网；

13. 再生水利用现状，市政再生水利用相关规划及目标；

14. 暴雨内涝预警应急体系及机制设置。

6.2 规 划 背 景

规划背景是综合评价分析海绵城市建设所具备的条件的现状、基本特征和存在问题。

1. 区位条件：描述城市位置与区住情况。

2. 地形地貌：描述城市地形地貌概况。

3. 地质水文：描述城市气候、降雨、土壤和地质等基本情况。

4. 经济社会概况：描述城市人口、经济社会情况。

5. 上位（城市）总体规划概要：

（1）描述城市总体规划的城市性质、职能、结构、规模等内容；

（2）描述城市发展战略和用地布局等内容；

（3）描述城市绿地系统，交通道路系统等相关三项规划。

6.3　城市排水、防涝、防洪现状及问题分析

1. 城市排水、防涝、防洪现状：

（1）城市水系：城市内河（不承担流域性防洪功能的河流）、湖泊、坑塘、湿地等水体的几何特征、标高、设计水位及城市雨水排放口分布等基本情况；城市区域内承担流域防洪功能的受纳水体的几何特征，设计水（潮）位和流量等基本情况。

（2）城市雨水分区：城市排水分区情况，每个分排水分区的面积，最终排水出路等。

（3）道路竖向：城市主次干道的道路控制点标高。

（4）历史内涝和洪水：描述近 10 年城市积水情况、积水深度、范围等，以及灾害造成的人员伤亡和直接、间接经济损失。

（5）城市排水和洪涝防治设施：现有排水管渠长度、管材、管径、管内底标高、流向、建筑年限、设计标准、雨水管道和雨污合流管道及运行情况。防涝、防洪标准及调蓄和水工构筑物情况。城市排水泵站位置、设计流量、设计标准、服务范围、建设年限及运行情况。

2. 问题及成因分析：从体制、机制、规划、建设、管理、维护等方面进行分析。

6.4　规　划　总　论

1. 规划依据

国民经济和社会发展规划、城市总体、规划、国家相关标准规范。

2. 规划原则

（1）统筹兼顾原则。保障水安全、保护水环境、恢复水生态、绿色环境。

（2）各系统协调原则。源头减排—雨水收排—排涝除险—超标应急的控制雨水。

（3）先进性原则。突出理念和技术的先进性，实现生态排水，综合排水。

3. 规划范围

城市排水、防涝、防洪的规划范围参考城市总体规划的规划范围和适当的外延，考虑雨水汇水区的完整性。

4. 规划期限

规划期限宜与城市总体规划保持一致，并考虑长远发展需求，近期建设规划期限为 5 年。

6.5　系　统　方　案

海绵城市建设工程架构由低影响开发雨水系统、城市雨水管渠排水系统、超标雨水内涝防治系统、城市防洪保护系统组成雨洪管理。方案系统选择考虑：

1　根据降雨、气象、土壤、水资源等因素，综合考量蓄、滞、渗、净、用、排等多种绿色雨水基础设施和城市排水、防涝、防洪组合的海绵城市建设方案；

2　在城市地下水位低、下渗条件良好的地区应加大雨水促渗；

3　城市水资源缺乏地区应加强雨水资源化利用；

4　水多面积大的地区，应加强水质污染控制；

5　受纳水体顶托严重或者排水出路不畅地区，应积极考虑湖洪水整治和排水出路拓展；

6　对洪涝灾害频发地区，应加强防涝、防洪保护系统；

7　对城市建成区应加强老旧地区的管网改造和水工构筑物扩建；

8　明确对敏感地区如幼儿园、学校、医院、重要建筑等地坪控制要求，确保洪涝灾害不被水淹。

6.6　规 划 目 标

1. 低影响开发雨水系统

实现年径流总量控制率；年径流污染控制率，绿地率，水域面积率，各地块控制目标。

2. 城市雨水管渠排水系统

发生设计标准以内的降雨时，地面不应有明显积水。

3. 超标雨水内涝防治系统

发生设计标准以内降雨时，不能出现内涝灾害，道路地面积水深≤15cm。

4. 城市防洪保护系统

发生设计标准以内的暴雨不能造成洪水灾害和重大财产损失和人员伤亡。

6.7　规 划 标 准

6.7.1　低影响开发雨水系统

1　城市开发前后不对水生态造成严重影响，开发后的径流系数不超0.5。

2　旧城改造径流系数不得超过改造前。

3　新建地区硬化和透水比例不应小于40%。

4　年径流总量控制率及对应降雨量。

6.7.2　城市雨水管渠排水系统

设计重现期（年）和径流系数等设计参数符合《室外排水设计规范》GB 50014 要求。

6.7.3　超标雨水内涝防治系统

设计重现期（年）和径流系数等设计参数符合《城镇内涝防治技术规范》GB 51222 要求

6.7.4　城市防洪保护系统

设计重现期（年）符合《防洪标准》GB 50201 要求

6.8 城市雨水径流控制和资源化利用

6.8.1 径流量控制

多雨地区和干旱地区，土壤承载下渗雨水的能力，以及土地开发利用的约束条件提出径流控制的方法、措施及相应设施布局。对于土地开发面积的雨水蓄滞量、透水地面面积比例和绿化率提出明确控制率。根据低影响开发的要求，合理布置绿地、人工湿地、植草沟、透水地面等空间蓄滞雨水。

6.8.2 径流污染控制

根据城市初期雨水的污染变化规律和分布情况，分析初期雨水对城市水环境污染的贡献率，确定初期雨水的截流总量；通过方案比选确定初期雨水截留和处理设施规模与布局。

6.8.3 雨水资源化利用

根据当地水资源禀赋条件，确定雨水资源化利用的用途、方法和措施。

6.9 各系统规划

6.9.1 低影响开发雨水系统

1 依据城市排水分区，水资源利用，水环境综合治理，黑臭水体治理方案，确定城市低影响开发区域的管控地块空间布局"渗、滞、蓄、净、用、排"等基础设施。

2 基础设施：

1) 识别原生态、山、水、林、田、湖等生态本底条件，提出自然生态空间格局，明确保护和修复要求。

2) 合理选择单项或组合的雨水渗透、储存、调节为主要功能的技术措施：下沉式绿地、生物滞留设施、渗透塘、雨水湿地、蓄水池（塘）、调节地、植草沟、植被缓冲带、透水铺装、绿色屋顶、初期雨水弃流设施、人工土壤渗透等设施的空间布局。

3 宜采用数学模型工具提高规划设计的科学性。

6.9.2 城市雨水管渠排水系统

1 排水体制：

1) 除干旱地区外，新建地区应采用雨污分流制；

2) 现状雨污合流的，应加快分流改造，或加大截流倍数；

3) 截流初期雨水进行达标处理；

2 排水分区：

根据地形地貌和河流水系等合理确定城市排水分区，再根据分区面积较大时，细化分次一级排水子分区；

3 排水管渠：

1）结合已有管渠合理布置新管渠，充分考虑与洪涝系统的设施衔接，确保排水畅通。

2）对不能满足设计标准要求管道提出改造方案；

3）用水力模型对雨水管渠的规划方案进行校核优化。

4 对泵站和调蓄设施等合理布局，对已有的应校核。

6.9.3 超标雨水内涝防治系统

1 结合城市内涝风险评估，提出用地性质和场地竖向调整；

2 城市内河水系综合治理，根据城市排水管渠系统和内涝防治标准，对河系及水工构筑物在不同排水条件下的水量和水位进行计算，并划定蓝线；提出河道清淤、拓宽、建设生态缓坡和雨洪蓄滞空间、水位等综合治理方案；

3 城市防涝设置布局：使用水力模型对涝水汇集路线进行分析，合理布局涝水行泄通道。行泄通道优先考虑地表的排水干沟及道路排水；对涝水行泄通道确定无路时，经论证建设深层排水隧道；

优先利用湿地、下凹式绿地和广场作为临时调蓄空间；也可设置雨水调蓄专用设施。

6.9.4 城市防洪保护系统

1 城市堤防工程；

2 城市河道整治；

3 城市排洪渠布置；

4 泥石流防治；

5 防洪闸选址；

6 山洪防治；

7 洪水和潮水计算。

6.10 近期建设规划项目

1 现状管网雨污分流改造。

2 现状泵站改造。

3 规划新建排水管渠。

4 规划新建泵站。

5 规划新建雨水调蓄设施。

6 城市内河水系统治理。

7 黑臭水体治理。

8 规划新建城市大型涝水行泄通道。

9 落实低影响开发（LID）工程措施。

10 规划新建城市防洪堤坝。

6.11 管 理 规 划

6.11.1 加快设施建设

扎实做好项目前期工作，政府部门做好项目技术论证和审核把关，并建立相应工作机制，建立有利于海绵城市建设统一的管理体制，确保海绵城市建设规划全面落实建设和运行管理。

6.11.2 强化日常管理

完善应急机制，要加强对海绵城市建设的日常管理，运行调度、灾情预测；强化应急管理、制定应急预案，健全应急处置的技防、物防、人防措施。

6.12 保 障 措 施

6.12.1 建设用地

将排水、防涝、防洪设施建设用地纳入城市总体规划和土地利用总规划，确保用地落实。

6.12.2 资金筹措

多渠道筹措资金、政府和民营 PPP、加强海绵城市设施建设。

6.12.3 提出有针对性具体措施

6.13 规 划 图 纸

编号	名称	比例尺	内容	备注
1	城市区位置图	1/25 万～1/100 万	城市位置、周围城市、距离其他主要城市的关系	可引用城市总体规划中的图
2	城市用地规划图	1/2.5 万～1/5 千	用地性质、用地范围、主要地名、主要方向、街道名、标注中心区、风景名胜区、文物古迹和历史地段的范围	可引用地市总体规划中的图
3	城市水系图	1/2.5 万～1/5 千	描述城市内部受纳水体（包括河、湖、塘、湿地等）基本情况，如长度、河底标高、断面、多年平均水位、流域面积等以及城市现状雨水排放口	

编号	名称	比例尺	内容	备注
4	城市排水分区图	1/2.5万～1/5千	城市排水分几个区,每个排水分区的面积,最终排水出路等	
5	城市道路规划图	1/2.5万～1/5千	城市主次干道交叉点及变坡点的标高	
6	城市现状排水设施图	1/2.5万～1/5千	排水管渠的空间分布及管渠性质、各管长度、管径、管内底标高、流向、设计标准、泵站的位置和流量及设计重现期	大城市、特大城市和超大城市可以只表现到干管,中小城市到支管
7	城市现状内涝防治系统布局图	1/2.5万～1/5千	能影响到城市排水和内涝防治的水工设施,比如城市调蓄设施和蓄滞空间分布、容量	
8	城市现状易涝点分布图	1/2.5万～1/5千	城市易涝点的空间分布	
9	城市现状防洪系统布局图	1/2.5万～1/5千	城市防洪设施、水工物分布	
10	城市现状排水系统排水能力评估图	1/2.5万～1/5千	各管段的实际排水能力,最好用重现期表示,包括小于1年、1～2年、2～3年、3～5年和大于5年一遇,并标识出低于国家标准的管段	
11	城市内涝风险区划图	1/2.5万～1/5千	城市内涝高、中、低风险区的空间分布情况	
12	城市洪水风险区划图	1/2.5万～1/5千	城市洪水侵袭风险情况	
13	城市排水分区规划图	1/2.5万～1/5千	城市排水分区、各分区的面积及排入的受纳水体	
14	城市低影响开发设施单元布局图	1/2.5万～1/5千	城市下凹式绿地、植草沟、人工湿地、可渗透地面、透水性停车场和广场的布局;城市现有硬化路面的改造路段与方案;将现状绿地改为下凹式绿地的位置与范围等等	此处可根据需要,用多张图来表达
15	城市排水管渠及泵站规划图	1/2.5万～1/5千	管网布置、管网长度、管径、管内底标高、流向、出水口标高,表述出是新扩建还是原有的雨水管网还是合流制管网,城市泵站名称、位置、设计流量,说明各排水管渠设计标准重现期(年)	大城市、特大城市和超大城市可以只表现到干管,中小城市到支管

续表

编号	名称	比例尺	内容	备注
16	城市内涝防治规划图			
17	城市防洪水工物规划图			
18	规划建设用地性质调整建议图	1/2.5万~1/5千	对规划新建地区内涝风险较高地区，提出调整建议	
19	城市内河治理规划图	1/2.5万~1/5千	河道拓宽及主要建筑物改扩建的规划方案，黑臭水体治理方案	
20	城市雨水行泄通道规划图	1/2.5万~1/5千	城市大型雨水行泄通道的位置、长度、截面尺寸、过流能力、服务范围等	
21	城市雨水调蓄规划图	1/2.5万~1/5千	雨水调蓄空间与调蓄设施的位置、占地面积、设施规模、主要用途、服务范围等	

以上为图纸的基本要求，各规划编制者可以根据实际情况，用更多的图纸表达规划成果

第二篇　海绵城市建设工程性和非工程性措施

7　低影响开发雨水系统构建

7.1　低影响开发理念

低影响开发，按照对城市生态环境影响最低的开发理念，合理控制开发强度，在城市中保证足够的生态用地，控制城市的透水面积的比例，最大限度地减少对城市原有生态环境的破坏。同时，根据需求适当挖掘河湖沟渠、增加水域面积，促进雨水的积存、渗透和净化。低影响开发技术措施，主要为其低影响开发雨水系统构建提供有利技术支撑。通过对雨水的渗透、储存、调节、转输与截污净化等功能，有效控制径流总量、径流峰值和径流污染；与城市雨水管渠排水系统，排水防涝系统，防洪系统共同组织径流雨水的收集、转输与排放，控制雨洪对城市的危害。低影响开发雨水系统是海绵城市重要组成部分。

低影响开发（Low Impact Development，LID）指在场地开发过程中采用源头、分散式措施维持场地开发前的水文特征，也称为低影响设计（Low Impact Design，LID）或低影响城市设计和开发（Low Impact Urban Design andDevelopment，LIUDD）。其核心是维持场地开发前后水文特征不变，包括场地径流总量、场地汇流峰值流量、场地峰现时间等（见图 7-1）。

由低影响开发建设理念提出多个应对降雨雨水控制的措施。当把这些措施放大到城市（区域）雨洪控制措施时，就成为海绵城市的海绵体。这些海绵体，依据不同规模大小，担负着海绵城市的"源头削减—雨水收排—排涝除险—超标应急"各阶段的不同用途。调控城市雨洪，管理雨洪在预期内不发生雨洪灾害。

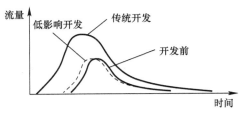

图 7-1　低影响开发水文原理示意图

7.2　低影响开发雨水系统的设计标准

住房城乡建设部于 2014 年 10 月 22 日发布《海绵城市建设指南—低影响开发雨水系统构建》（以下简称《指南》），说明了年径流总量控制率与设计降雨量的关系。并给出我国部分城市年径流总量控制率对应的设计降雨量值一览表。并将年径流总量控制率作为控制目标，要求最佳控制率为 80%～85%，不得低于 70%。

低影响开发的目的是要恢复开发前的自然水文生态特征，其实质是恢复原始径流状况。在自然状态下，一般而言大暴雨时（小概率降雨事件）易形成地表径流；而在中小降雨时（大概率降雨事件）较少形成大量的地表径流，主要渗入地下。因此低影响开发建设措施是要控制中小降雨的径流，将雨水留在原位。以期达到生态修复的目的。将雨水留住的特征值，是地表的径流系统。由于地表面的覆盖物繁杂，其径流系数多样化，实际上不易操作取得。因此通过将径流系数的概念转化为年径流总量控制率或称年降雨量控制率，并通过年径流总量或降雨量控制率求得的对应的 24 小时降雨频次的降雨量为设计降雨量。又因降雨量和时间的函数关系及暴雨强度公式的相互转换衔接，故应将日降雨量称为设计降雨强度（mm/d）的概念作为低影响开发雨水系统建设的设计标准。

年雨量控制率是根据本地区自然状况的径流系数推算而得，即年雨量控制率≈1－径流系数。设计降雨强度，是经过统计分析当地的多年（一般不少于 30 年）降雨资料，将日降雨量由小到大进行排序（扣除小于等于 2mm 的降雨事件），推得出年降雨量控制率所对应的设计降雨强度（mm/d），并以此作为城市规划设计低影响开发雨水系统的设计降雨强度标准。

以北京建筑大学的学者对北京市的年径流总量（年降雨量）控制率与设计降雨强度的关系推导为例，北京市位于半湿润地带，取原始径流系数为 0.15，则年径流总量（年降雨量）控制率为 85%，对应的设计降雨强度为 33.6mm/d，大约由小到大降雨排序的 92% 频次的降雨控制不外排，留在原位，即达到海绵城市建设目标 85% 控制雨水量的要求（表 7-1、图 7-2、图 7-3）

降雨频次，年径流总量控制率与降雨强度关系　　　　　　　　表 7-1

降雨强度/mm·d	场次数	累计场次	累计降雨频次/%	设计降雨强度/mm·d	年径流总量控制率/%
0.1～2	988		—	2	13.9
2.1～4	256	256	23.3	4	26.0
4.1～6	164	420	38.3	6	35.6
6.1～8	121	541	49.3	8	43.4
8.1～10	98	639	58.2	10	49.8
10.1～12	61	700	63.8	12	55.2
12.1～14	56	756	68.9	14	59.9
14.1～16	37	793	72.2	16	64.0
16.1～18	29	822	74.9	18	67.7
18.1～20	30	852	77.6	20	71.0
20.1～25	70	922	84.0	25	77.7
25.1～30	49	971	88.4	30	82.4
30.1～35	31	1002	91.3	35	85.9
35.1～40	15	1017	92.6	40	88.8
40.1～45	16	1033	94.1	45	91.1
45.1～50	12	1045	95.2	50	92.9
50.1～55	12	1057	96.3	55	94.4
55.1～60	7	1064	96.9	60	95.6
60.1～70	17	1081	98.5	70	97.2
70.1～80	6	1087	99.0	80	98.2
80.1～90	1	1088	99.1	90	98.8

续表

降雨强度/mm/d	场次数	累计场次	累计降雨频次/%	设计降雨强度/mm/d	年径流总量控制率/%
90.1～100	4	1092	99.5	100	99.3
100.1～160	6	1098	100.0	160	100
>160	0	1098	100.0	>160	100

注：场次合计（$H>0.1$mm）=2086 次，场次合计（$H>2.0$mm）=1098 次，年均降雨量=549.0mm。原始降雨资料数据来源为中国气象科学数据共享服务网中国地面国际交换站气候资料。

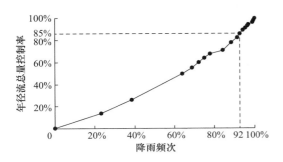

图 7-2　年径流总量控制率与降雨频次关系
（以北京市为例）

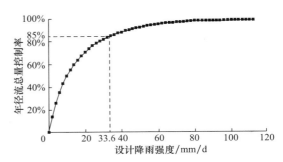

图 7-3　年径流总量控制率与设计降雨强度关系
（以北京市为例）

7.3　年径流总量控制率与设计降雨量之间的关系

城市年径流总量控制率对应的设计降雨量值的确定，是通过统计学方法获得的。根据中国气象科学数据共享服务网中国地面国际交换站气候资料数据，选取至少近 30 年（反映长期的降雨规律和近年气候的变化）日降雨（不包括降雪）资料，扣除小于等于 2mm 的降雨事件的降雨量，将降雨量日值按雨量由小到大进行排序，统计小于某一降雨量的降雨总量（小于该降雨量的按真实雨量计算出降雨总量，大于该降雨量的按该降雨量计算出降雨总量，两者累计总和）在总降雨量中的比率，此比率（即年径流总量控制率）对应的降雨量（日值）即为设计降雨量。

设计降雨量是各城市实施年径流总量控制的专有量值，考虑我国不同城市的降雨分布特征不同，各城市的设计降雨量值应单独推求。表 7-2 给出了我国部分城市年径流总量控制率对应的设计降雨量值（依据 1983-2012 年降雨资料计算），其他城市的设计降雨量值可根据以上方法获得，资料缺乏时，可根据当地长期降雨规律和近年气候的变化，参照与其长期降雨规律相近的城市的设计降雨量值。

我国部分城市年径流总量控制率对应的设计降雨量值一览表　　　　表 7-2

城市	不同年径流总量控制率对应的设计降雨量（mm）				
	60%	70%	75%	80%	85%
酒泉	4.1	5.4	6.3	7.4	8.9
拉萨	6.2	8.1	9.2	10.6	12.3
西宁	6.1	8.0	9.2	10.7	12.7

城市	不同年径流总量控制率对应的设计降雨量（mm）				
	60%	70%	75%	80%	85%
乌鲁木齐	5.8	7.8	9.1	10.8	13.0
银川	7.5	10.3	12.1	14.4	17.7
呼和浩特	9.5	13.0	15.2	18.2	22.0
哈尔滨	9.1	12.7	15.1	18.2	22.2
太原	9.7	13.5	16.1	19.4	23.6
长春	10.6	14.9	17.8	21.4	26.6
昆明	11.5	15.7	18.5	22.0	26.8
汉中	11.7	16.0	18.8	22.3	27.0
石家庄	12.3	17.1	20.3	24.1	28.9
沈阳	12.8	17.5	20.8	25.0	30.3
杭州	13.1	17.8	21.0	24.9	30.3
合肥	13.1	18.0	21.3	25.6	31.3
长沙	13.7	18.5	21.8	26.0	31.6
重庆	12.2	17.4	20.9	25.5	31.9
贵阳	13.2	18.4	21.9	26.3	32.0
上海	13.4	18.7	22.2	26.7	33.0
北京	14.0	19.4	22.8	27.3	33.6
郑州	14.0	19.5	23.1	27.8	34.3
福州	14.8	20.4	24.1	28.9	35.7
南京	14.7	20.5	24.6	29.7	36.6
宜宾	12.9	19.0	23.4	29.1	36.7
天津	14.9	20.9	25.0	30.4	37.8
南昌	16.7	22.8	26.8	32.0	38.9
南宁	17.0	23.5	27.9	33.4	40.4
济南	16.7	23.2	27.7	33.5	41.3
武汉	17.6	24.5	29.2	35.2	43.3
广州	18.4	25.2	29.7	35.5	43.4
海口	23.5	33.1	40.0	49.5	63.4

7.4 低影响开发雨水系统构建措施（也称为低影响开发绿色雨水基础设施）

1."渗"；减少路面，屋面，地面硬质铺装，充分利用渗透和绿地技术，以源头减少径流；绿色屋顶，透水地面，透水停车场，透水塘，透水道路，雨水花园。

2."滞"；降低雨水汇集速度，延缓峰值时间，既降低排水强度，又缓解了灾害风险。

滞留塘，植草沟，雨水景观滞水，生物滞留带，下沉式绿地广场，下沉式绿地与植草沟。

3."蓄"：降低峰流量，调节时空分布，为雨水利用创造条件。发挥自然水体作用，利用天然水系调蓄，水景观与雨水调蓄相结合，模块式雨水调蓄设施，地下雨水调蓄池，下沉式雨水调蓄广场。

4."净"，减少面源污染，改善城市水环境。人工湿地（自然净化），河岸生态滤池，合流制溢流（CSO）污染控制（合流雨水—溢流—排放，合流雨水—污水厂处理—排放）。

5."用"，利用雨水资源，改善城市水环境。雨水再生利用，再生水利用，河道自净水源。

6."排"，构造安全的城市排水防洪体系，避免内涝等灾害。确保城市运行安全，雨污分流改造，旱溪，城市河道，植草沟，共同沟（地下综合管廊）。

7.5　低影响开发绿色雨水基础设施选择

7.5.1　技术类型

低影响开发绿色雨水基础设施按主要功能一般可分为渗透、储存、调节、转输、截污净化等几类。通过各类技术的组合应用，可实现径流总量控制、径流峰值控制、径流污染控制、雨水资源化利用等目标。实践中，应结合不同区域水文地质、水资源等特点及技术经济分析，按照因地制宜和经济高效的原则选择低影响开发技术及其组合系统。

7.5.2　单项设施

各类低影响开发技术又包含若干不同形式的低影响开发设施，主要有透水铺装、绿色屋顶、下沉式绿地、生物滞留设施、渗透塘、渗井、湿塘、雨水湿地、蓄水池、雨水罐、调节塘、调节池、植草沟、渗管/渠、植被缓冲带、初期雨水弃流设施、人工土壤渗滤等。

低影响开发单项设施往往具有多个功能，如生物滞留设施的功能除渗透补充地下水外，还可削减峰值流量、净化雨水，实现径流总量、径流峰值和径流污染控制等多重目标。因此应根据设计目标灵活选用低影响开发设施及其组合系统，根据主要功能按相应的方法进行设施规模计算，并对单项设施及其组合系统的设施选型和规模进行优化。

1. 透水铺装

透水铺装是雨水下渗的设施，适用于建筑小区的人行道，停车场，广场以及车流量和荷载较小的道路。它可以补充地下水，并具有一定的峰值流量前削减和雨水的过滤净化作用，但易堵塞，寒冷地区有被冻融破坏的风险。

透水铺装的材料有透水砖铺装，透水水泥混凝土铺装和透水沥青混凝土铺装，嵌草砖，鹅卵石铺装，碎石铺装等。

透水铺装应满足如下要求：

1）透水铺装路面，因渗水对道路路基强度和稳定性存在潜在风险较大时，可采用半透水铺装结构。

2）铺装透水的基地土壤透水能力有限时，应在透水铺装的透水层内设置穿孔排水管或排水板。

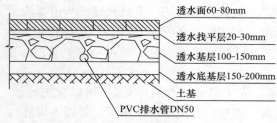

图 7-4　透水砖铺装典型结构示意图

3）当透水铺装设置在地下室顶板上时，顶板覆土厚度不应小于 600mm。

4）透水铺装路面的设计应满足 2 年一遇的暴雨强度下，持续降雨 60min，表面不应产生径流的透（排）水要求。

5）透水层透水系数 $\geqslant 10^{-4}$ mm/s。

6）透水砖铺装典型结构如图 7-4。

2. 雨水花园

雨水花园是自然形成的或人工挖掘的浅凹绿地，内种植地被植物，花灌木甚至乔木等植物的工程设施。收集来自屋顶或地面的雨水，通过土壤和植物过滤之净化，并将雨水暂时滞留其中。之后慢慢入渗土壤而减少径流量，起到控制雨洪峰值流量，降低径流污染的作用。它平时较少甚至没有积水。适用于城市公共建筑，住宅区，商业区，以及工业区的建筑，停车场，道路等周边地区，还可用于处理别墅区和旅游生态村等分散建筑和新建村镇。

雨水花园应满足以下要求：

1）选址因地制宜，充分利用原有地形地貌进行建设。

2）雨水花园的边线距离建筑基础至少 3m，距离有地下室的建筑至少 9m，以免雨水浸泡地基。

3）雨水花园设置在地势平坦区域，坡度不宜大于 12%。

4）为保护树木根基，雨水花园不宜建造在树下，但宜设置在观赏条件较好的地方，方便周围居民观赏。

5）雨水花园土壤有一定的渗透性，如砂土和壤土土壤。理想的土壤组合是 50% 的砂土、20% 的表土、30% 的复合土壤；客土时移除 0.3～0.6m 厚的地表土壤为宜。

6）雨水花园的深度，只要能保证超过其设计能力的雨水及时排入周围草坪、林地或排水系统即可。面积根据设计深度，处理雨水的径流量和土壤类型决定。合理的面积范围 9～27m²，如果面积大于 27m²，应划分成多个雨水花园外形的曲线型为宜。雨水花园典型构造如图 7-5。

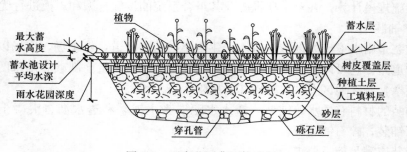

图 7-5　雨水花园典型构造图

3. 渗透塘

渗透塘是一种用于雨水下渗补充地下水的洼地，具有一定的净化雨水和削减峰值流量的作用。适用于汇水面积较大（大于 1hm²）且具有一定空间条件的区域，但应用于径流污染严重、设施底部渗透面距离季节性最高地下水位或岩石层小于1m及距离建筑物基础小于3m（水平距离）的区域时，应采取必要的措施防止发生次生灾害。

渗透塘应满足以下要求：

1）渗透塘前应设置沉砂池、前置塘等预处理设施，去除大颗粒的污染物并减缓流速；有降雪的城市，应采取弃流、排盐等措施防止融雪剂侵害植物。

2）渗透塘边坡坡度（垂直∶水平）一般不大于1∶3，塘底至溢流水位一般不小于0.6m。

3）渗透塘底部构造一般为200～300mm的种植土、透水土工布及300～500mm的过滤介质层。

4）渗透塘排空时间不应大于2h。

5）渗透塘应设溢流设施，并与城市雨水管渠系统和超标雨水径流排放系统衔接，渗透塘外围应设安全防护措施和警示牌。

渗透塘典型构造如图7-6所示。

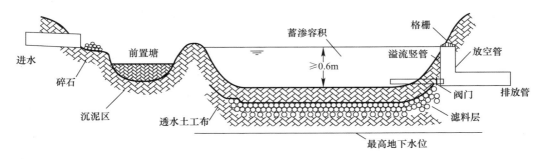

图7-6 渗透塘典型构造示意图

4. 渗井

渗井指通过井壁和井底进行雨水下渗的设施，为增大渗透效果，可在渗井周围设置水平渗排管，并在渗排管周围铺设砾（碎）石。主要适用于建筑与小区内建筑、道路及停车场的周边绿地内。渗井应用于径流污染严重、设施底部距离季节性最高地下水位或岩石层小于1m及距离建筑物基础小于3m（水平距离）的区域时，应采取必要的措施防止发生次生灾害。

渗井应满足下列要求：

1）雨水通过渗井下渗前应通过植草沟、植被缓冲带等设施对雨水进行预处理。

2）渗井的出水管的内底高程应高于进水管管内顶高程，但不应高于上游相邻井的出水管管内底高程。渗井调蓄容积不足时，也可在渗井周围连接水平渗排管，形成辐射渗井。辐射渗井的典型构造如图7-7所示。

5. 渗管/渠

渗管/渠指具有渗透功能的雨水管/渠，可采用穿孔塑料管、无砂混凝土管/渠和砾（碎）石等材料组合而成。适用于建筑与小区及公共绿地内转输流量较小的区域，不适用于地下水位较高、径流污染严重及易出现结构塌陷等不宜进行雨水渗透的区域（如雨水管渠位于机动车道下等）。

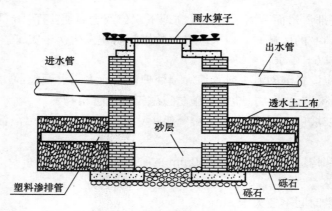

图 7-7 辐射渗井构造示意图

渗管/渠应满足以下要求：

1）渗管/渠应设置植草沟、沉淀（砂）池等预处理设施。

2）渗管/渠开孔率应控制在 1％～3％之间，无砂混凝土管的孔隙率应大于 20％。

3）渗管/渠的敷设坡度应满足排水的要求。

4）渗管/渠四周应填充砾石或其他多孔材料，砾石层外包透水土工布，土工布搭接宽度不应少于 200mm。

5）渗管/渠设在行车路面下时覆土深度不应小于 700mm。渗管/渠典型构造如图 7-8 所示。

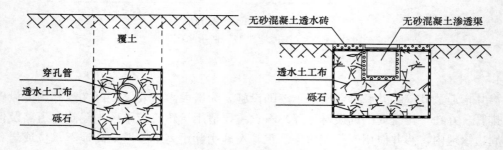

图 7-8 渗管/渠典型构造示意图

6. 绿色屋顶

绿色屋顶也称种植屋面、屋顶绿化等，根据种植基质深度和景观复杂程度，绿色屋顶又分为简单式和花园式，基质深度根据植物需求及屋顶荷载确定，简单式绿色屋顶的基质深度一般不大于 150mm，花园式绿色屋顶在种植乔木时基质深度可超过 600mm，绿色屋顶适用于符合屋顶荷载、防水等条件的平屋顶建筑和坡度≤15°的坡屋顶建筑。

绿色屋顶可有效减少屋面径流总量和径流污染负荷，具有节能减排的作用，但对屋顶荷载、防水、坡度、空间条件等有严格要求。

绿色屋顶典型构造示如图 7-9 所示。

绿色屋顶植物配置以北京为例，推荐部分植物种类如表 7-3。

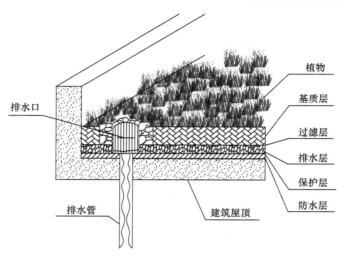

图 7-9 绿色屋顶典型构造示意图

推荐北京地区屋顶绿化部分植物种类 表 7-3

乔木			
油松	阳性，耐旱、耐寒；观树形	玉兰 *	阳性，稍耐阴；观花、叶
华山松 *	耐阴；观树形	垂枝榆	阳性，极耐旱；观树形
白皮松	阳性，稍耐阴；观树形	紫叶李	阳性，稍耐阴；观花、叶
西安桧	阳性，稍耐阴；观树形	柿树	阳性，耐旱；观果、叶
龙柏	阳性，不耐盐碱；观树形	七叶树 *	阳性，耐半阴；观树形、叶
桧柏	偏阴性；观树形	鸡爪槭 *	阳性，喜湿润；观叶
龙爪槐	阳性，稍耐阴；观树形	樱花 *	喜阳；观花
银杏	阳性，耐旱；观树形、叶	海棠类	阳性，稍耐阴；观花、果
栾树	阳性，稍耐阴；观枝叶果	山楂	阳性，稍耐阴；观花
灌木			
珍珠梅	喜阴；观花	碧桃类	阳性；观花
大叶黄杨 *	阳性，耐阴，较耐旱；观叶	迎春	阳性，稍耐阴；观花、叶、枝
小叶黄杨	阳性，稍耐阴；观叶	紫薇 *	阳性；观花、叶
凤尾丝兰	阳性；观花、叶	金银木	耐阴；观花、果
金叶女贞	阳性，稍耐阴；观叶	果石榴	阳性，耐半阴；观花、果、枝
红叶小檗	阳性，稍耐阴；观叶	紫荆 *	阳性，耐阴；观花、枝
矮紫杉 *	阳性；观树形	平枝枸子	阳性，耐半阴；观果、叶、枝
连翘	阳性，耐半阴；观花、叶	海仙花	阳性，耐半阴；观花
榆叶梅	阳性，耐寒，耐旱；观花	黄栌	阳性，耐半阴，耐旱；观花、叶
紫叶矮樱	阳性；观花、叶	锦带花类	阳性；观花
郁李 *	阳性，稍耐阴；观花、果	天目琼花	喜阴；观果
寿星桃	阳性，稍耐阴；观花、叶	流苏	阳性，耐半阴；观花、枝
丁香类	稍耐阴；观花、叶	海州常山	阳性，耐半阴；观花、果
棣棠 *	喜半阴；观花、叶、枝	木槿	阳性，耐半阴；观花
红瑞木	阳性；观花、果、枝	蜡梅 *	阳性，耐半阴；观花
月季类	阳性；观花	黄刺玫	阳性，耐寒，耐旱；观花
大花绣球 *	阳性，耐半阴；观花	猬实	阳性；观花

地被植物			
玉簪类	喜阴，耐寒、耐热、观花、叶	大花秋葵	阳性；观花
马蔺	阳性；观花、叶	小菊类	阳性；观花
石竹类	阳性，耐寒，观花、叶	芍药＊	阳性，耐半阴，观花、叶
随意草	阳性；观花	鸢尾类	阳性，耐半阴，观花、叶
铃兰	阳性，耐半阴；观花、叶	萱草类	阳性，耐半阴，观花、叶
荚果蕨＊	耐半阴，观叶	五叶地锦	喜阴湿，观叶；可匍匐栽植
白三叶	阳性，耐半阴，观叶	景天类	阳性耐半阴，耐旱，观花、叶
小叶扶芳藤	阳性，耐半阴；观叶；可匍匐栽植	京8常春藤＊	阳性，耐半阴，观叶；可匍匐栽植
砂地柏	阳性，耐半阴，观叶	苔尔曼忍冬＊	阳性，耐半阴，观花、叶；可匍匐栽植

注：加"＊"为在屋顶绿化中，需一定小气候条件下栽植的植物。

7. 植草沟

植草沟指种有植被的地表沟渠，可收集、输送和排放径流雨水，并具有一定的雨水净化作用，可用于衔接其他各单项设施、城市雨水管渠系统和超标雨水径流排放系统。除转输型植草沟外，还包括渗透型的干式植草沟及常有水的湿式植草沟，可分别提高径流总量和径流污染控制效果。

植草沟适用于建筑与小区内道路，广场、停车场等不透水面的周边，城市道路及城市绿地等区域，也可作为生物滞留设施、湿塘等低影响开发设施的预处理设施。植草沟也可与雨水管渠联合应用，场地竖向允许且不影响安全的情况下也可代替雨水管渠。

植草沟具有建设及维护费用低，易与景观结合的优点，但已建城区及开发强度较大的新建城区等区域易受场地条件制约。

植草沟应满足以下要求：

1）浅沟断面形式宜采用倒抛物线形、三角形或梯形。

2）植草沟的边坡坡度（垂直：水平）不宜大于1：3，纵坡不应大于4％。纵坡较大时宜设置为阶梯形植草沟或在中途设置消能台坎。

3）植草沟最大流速应小于0.8m/s，曼宁系数宜为0.2～0.3。

4）转输型植草沟内植被高度宜控制在100-200mm。转输型三角形断面植草沟的典型构造如图7-10所示。

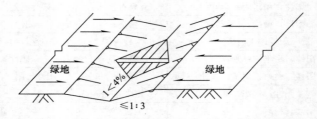

图7-10　转输型三角形断面植草沟典型构造示意图

8. 植被缓冲带

植被缓冲带为坡度较缓的植被区，经植被拦截及土壤下渗作用减缓地表径流流速，并去除径流中的部分污染物，植被缓冲带坡度一般为2％-6％，宽度不宜小于2m。植被缓冲带适用于道路等不透水面周边，可作为生物滞留设施等低影响开发设施的预处理设施，也可作为城市水系的滨水绿化带，但坡度较大（大于6％）时其雨水净化效果较差。

植被缓冲带建设与维护费用低，但对场地空间大小、坡度等条件要求较高，且径流控制效果有限。植被缓冲带典型构造如图7-11所示。

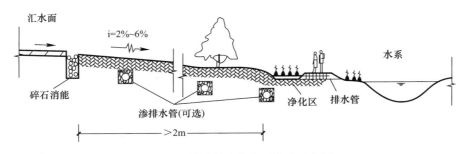

图7-11　植被缓冲带典型构造示意图

9. 下沉式绿地

下沉式绿地指低于周边铺砌地面或道路在200mm以内的绿地；下沉式绿地可广泛应用于城市建筑与小区、道路、绿地和广场内。对于径流污染严重、设施底部渗透面距离季节性最高地下水位或岩石层小于1m及距离建筑物基础小于3m（水平距离）的区域，应采取必要的措施防止次生灾害的发生。

下沉式绿地适用区域广，其建设费用和维护费用均较低，但大面积应用时，易受地形等条件的影响，实际调蓄容积较小。

下沉式绿地应满足以下要求：

1）下沉式绿地的下凹深度应根据植物耐淹性能和土壤渗透性能确定，一般为100-200mm。

2）下沉式绿地内一般应设置溢流口（如雨水口），保证暴雨时径流的溢流排放，溢流口顶部标高一般应高于绿地50-100mm。

下沉式绿地典型构造如图7-12所示。

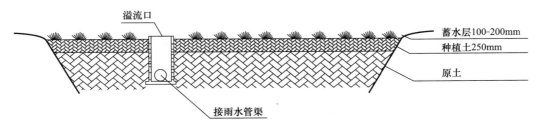

图7-12　下沉式绿地典型构造示意图

10. 生物滞留设施

生物滞留设施指在地势较低的区域，通过植物、土壤和微生物系统蓄渗、净化径流雨水的设施。生物滞留设施分为简易型生物滞留设施和复杂型生物滞留设施，按应用位置不同又称作雨水花园，生物滞留带、高位花坛、生态树池等。

生物滞留设施主要适用于建筑与小区内建筑、道路及停车场的周边绿地，以及城市道路绿化带等城市绿地内。对于径流污染严重、设施底部渗透面距离季节性最高地下水位或岩石层小于1m及距离建筑物基础小于3m（水平距离）的区域，可采用底部防渗的复杂型生物滞留设施。

生物滞留设施应满足以下要求：

1）对于污染严重的汇水区应选用植草沟、植被缓冲带或沉淀池等对径流雨水进行预处理，去除大颗粒的污染物并减缓流速；应采取弃流、排盐等措施防止融雪剂或石油类等高浓度污染物侵害植物。

2）屋面径流雨水可由雨落管接入生物滞留设施，道路径流雨水可通过路缘石豁口进入，路缘石豁口尺寸和数量应根据道路纵坡等经计算确定。

3）生物滞留设施应用于道路绿化带时，若道路纵坡大于1%，应设置挡水堰/台坎，以减缓流速并增加雨水渗透量；设施靠近路基部分应进行防渗处理，防止对道路路基稳定性造成影响。

4）生物滞留设施内应设置溢流设施，可采用溢流竖管、盖篦溢流井或雨水口等，溢流设施顶一般应低于汇水面100mm。

5）生物滞留设施宜分散布置且规模不宜过大，生物滞留设施面积与汇水面面积之比一般为5%-10%。

6）复杂型生物滞留设施结构层外侧及底部应设置透水土工布，防止周围原土侵入。如经评估认为下渗会对周围建（构）筑物造成塌陷风险，或者拟将底部出水进行集蓄回用时，可在生物滞留设施底部和周边设置防渗膜。

7）生物滞留设施的蓄水层深度应根据植物耐淹性能和土壤渗透性能来确定，一般为200-300mm，并应设100mm的超高；换土层介质类型及深度应满足出水水质要求，还应符合植物种植及园林绿化养护管理技术要求；为防止换土层介质流失，换土层底部一般设置透水土工布隔离层，也可采用厚度不小于100mm的砂层（细砂和粗砂）代替；砾石层起到排水作用，厚度一般为250-300mm，可在其底部埋置管径为100-150mm的穿孔排水管，砾石应洗净且粒径不小于穿孔管的开孔孔径；为提高生物滞留设施的调蓄作用，在穿孔管底部可增设一定厚度的砾石调蓄层。

生物滞留设施形式多样、适用区域广、易与景观结合，径流控制效果好，建设费用与维护费用较低；但地下水位与岩石层较高、土壤渗透性能差、地形较陡的地区，应采取必要的换土、防渗、设置阶梯等措施避免次生灾害的发生，将增加建设费用。

简易型和复杂型生物滞留设施典型构造如图7-13、图7-14所示。

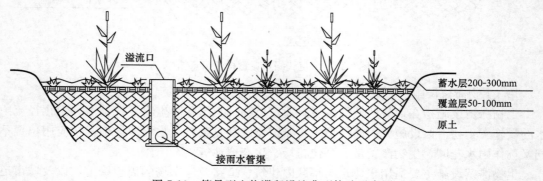

图7-13 简易型生物滞留设施典型构造示意图

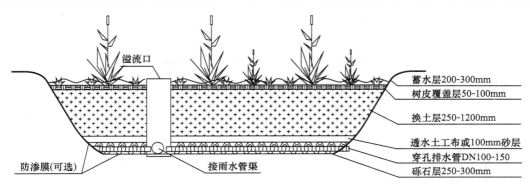

图 7-14 复杂型生物滞留设施典型构造示意图

8）植物配置

植物选择，表 7-4 列出了推荐的植物品种。

生物滞留设施推荐植物种类 表 7-4

湿生植物			
名称	科属	优点	缺点
芦苇	禾本科芦苇属	根系发达，可深入地下 60～70cm，具有优越的传氧性能，有利于 COD 的降解，适应性、抗逆性强	植株较高，蔓延速度快，小面积雨水花园中不适用
芦竹	禾本科芦竹属	生物量大根状茎粗壮较耐寒	植株较高小面积雨水花园不适用
香根草	禾本科香根草属	根系强大抗旱耐涝抗寒热抗酸碱对于氮磷的去除效果明显	植株较高生长繁殖快小面积雨水花园中不适用
香蒲	香蒲科香蒲属	根系发达，生产量大，对于 COD 和氨状氮的去除效果明显	植株较高生产繁殖快小面积雨水花园中不适用
美人蕉	美人蕉科美人蕉属	对于 COD 和氨态氮的去除效果明显	根系较浅
香菇草	伞形科天胡荽属	喜光可栽于陆地和浅水区对污染物的综合吸收能力较强	不耐寒
姜花	姜科姜花属	生物量大对氮元素的吸收能力较强观赏性强	不耐寒，不耐旱
茭白	禾本科茭白属	对 Mn，Zn 等金属元素有一定的富集作用，对 BOD5 的去除率较高，可食用	不耐旱
慈姑	泽泻科慈姑属	叶形奇特，观赏性强，对 BOD5 的去除率高，可食用	根系较浅
灯芯草	灯芯草科灯芯草属	半常绿较耐旱根状茎粗壮横走净水效果良好	
石菖蒲	天南星科菖蒲属	常绿根状茎横走多分支	不耐旱
旱伞草	莎草科莎草属	常绿茎直立丛生无分支三棱形高可达	不耐寒
条穗苔草	莎草科苔草属	常绿光喜湿润较耐寒	
千屈菜	千屈菜科千屈菜属	较耐旱观赏性强	污染物质的去处能力不强

续表

湿生植物			
名称	科属	优点	缺点
黄菖蒲	鸢尾科鸢尾属	较耐旱观赏性强	
泽泻	泽泻科泽泻属	耐寒耐旱观赏性强	
红莲子草	苋科苋属	较耐旱叶终年通红观赏性强	
三白草	三白草科三白草属	较耐旱观赏性强	

注：参考刘佳妮. 雨水花园的植物选择［J］. 北方园艺，2010，17：129-132

生物滞留设施的种植形式应按照地形、位置、功能需求进行选择。

（1）底部种植型在沟底集中种植，两侧边坡覆盖草皮，雨水在其中流动时有较大阻力，便于纵向雨水的净化与渗透；

（2）两侧种植型在两侧边坡进行种植，底部可覆盖卵石或碎木屑，有助于过滤两侧边坡进入其中的雨水，便于进行横向雨水的净化与渗透；

（3）单侧种植型在一侧边坡种植乔木、灌木、草花、地被等复合型多层次的植物，可以突出特点的观赏方向，宅前绿地只有单一观赏面时，可以采用此种种植形式。

11. 湿塘

湿塘指具有雨水调蓄和净化功能的景观水体，雨水同时作为其主要的补水水源。湿塘有时可结合绿地、开放空间等场地条件设计为多功能调蓄水体，即平时发挥正常的景观及休闲、娱乐功能，暴雨发生时发挥调蓄功能，实现土地资源的多功能利用。

湿塘一般由进水口、前置塘、主塘、溢流出水口、护坡及驳岸、维护通道等构成。湿塘应满足以下要求：

1）进水口和溢流出水口应设置碎石、消能坎等消能设施，防止水流冲刷和侵蚀。

2）前置塘为湿塘的预处理设施，起到沉淀径流中大颗粒污染物的作用；池底一般为混凝土或块石结构，便于清淤；前置塘应设置清淤通道及防护设施，驳岸形式宜为生态软驳岸，边坡坡度（垂直：水平）一般为1：2-1：8；前置塘沉泥区容积应根据清淤周期和所汇入径流雨水的SS污染物负荷确定。

3）主塘一般包括常水位以下的永久容积和储存容积，永久容积水深一般为0.8-2.5m；储存容积一般根据所在区域相关规划提出的"单位面积控制容积"确定；具有峰值流量削减功能的湿塘还包括调节容积，调节容积应在24-48h内排空；主塘与前置塘间宜设置水生植物种植区（雨水湿地），主塘驳岸宜为生态软驳岸，边坡坡度（垂直：水平）不宜大于1：6。

4）溢流出水口包括溢流竖管和溢洪道，排水能力应根据下游雨水管渠或超标雨水内涝防治系统的排水能力确定。

5）湿塘应设置护栏、警示牌等安全防护与警示措施。

湿塘适用于建筑与小区、城市绿地、广场等具有空间条件的场地。

湿塘可有效削减较大区域的径流总量、径流污染和峰值流量，是城市内涝防治系统的重要组成部分；但对场地条件要求较严格，建设和维护费用高。

湿塘的典型构造如图7-15所示。

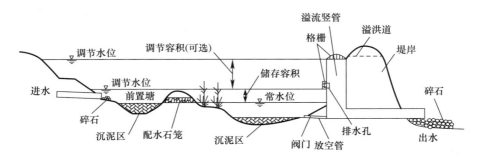

图 7-15　湿塘典型构造示意图

12. 雨水湿地

雨水湿地利用物理、水生植物及微生物等作用净化雨水，是一种高效的径流污染控制设施，雨水湿地分为雨水表流湿地和雨水潜流湿地，一般设计成防渗型以便维持雨水湿地植物所需的水量，雨水湿地常与湿塘合建并设计一定的调蓄容积。

雨水湿地与湿塘的构造相似，一般由进水口、前置塘、沼泽区、出水池、溢流出水口、护坡及驳岸、维护通道等构成。见图 7-16。

雨水湿地应满足以下要求：

1）进水口和溢流出水口应设置碎石、消能坎等消能设施，防止水流冲刷和侵蚀。

2）雨水湿地应设置前置塘对径流雨水进行预处理。

3）沼泽区包括浅沼泽区和深沼泽区，是雨水湿地主要的净化区，其中浅沼泽区水深范围一般为 0~0.3m，深沼泽区水深范围为一般为 0.3~0.5m，根据水深不同种植不同类型的水生植物。

4）雨水湿地的调节容积应在 24h 内排空。

5）出水池主要起防止沉淀物的再悬浮和降低温度的作用，水深一般为 0.8-1.2m，出水池容积约为总容积（不含调节容积）的 10%。

雨水湿地适用于具有一定空间条件的建筑与小区、城市道路、城市绿地、滨水带等区域。

雨水湿地可有效削减污染物，并具有一定的径流总量和峰值流量控制效果，但建设及维护费用较高。

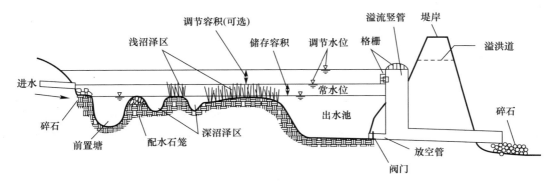

图 7-16　雨水湿地典型构造示意图

13. 蓄水池

蓄水池指具有雨水储存功能的集蓄利用设施，同时也具有削减峰值流量的作用，主要包括钢筋混凝土蓄水池，砖、石砌筑蓄水池及塑料蓄水模块拼装式蓄水池，用地紧张的城市大多采用地下封闭式蓄水池。

蓄水池适用于有雨水回用需求的建筑与小区、城市绿地等，根据雨水回用用途（绿化、道路喷洒及冲厕等）不同需配建相应的雨水净化设施；不适用于无雨水回用需求和径流污染严重的地区。

蓄水池具有节省占地、雨水管渠易接入、避免阳光直射、防止蚊蝇滋生、储存水量大等优点，雨水可回用于绿化灌溉、冲洗路面和车辆等，但建设费用高，后期需重视维护管理。蓄水池典型构造如图 7-17 所示。

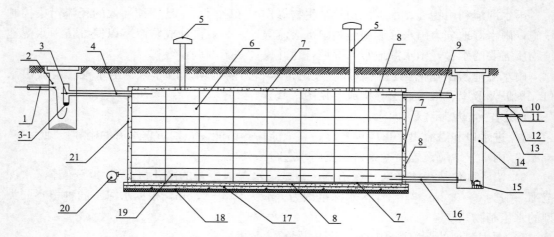

图 7-17　塑料模块组合水池示意图

1—雨水管；2—水池进水沉砂井；3—进水三通；3-1—筛网；4—水池进水管；5—通气帽；
6—塑料模块组合水池池体；7—土工布（膜）；8—填砂层；9—水池溢流管；10—压力供水管；
11—压力供水管阀门；12—水池排污管；13—水池排污管阀门；14—水池出水井；
15—潜水泵；16—水池出水管；17—水池基础层；18—素土夯实；19—压缩空气管；
20—空气压缩机；21—水池开挖基槽

14. 雨水罐

雨水罐也称雨水桶，为地上或地下封闭式的简易雨水集蓄利用设施，可用塑料、玻璃钢或金属等材料制成。适用于单体建筑屋面雨水的收集利用。

雨水罐多为成型产品，施工安装方便，便于维护，但其储存容积较小，雨水净化能力有限。

15. 调节塘

调节塘也称干塘，以削减峰值流量功能为主，一般由进水口、调节区、出口设施、护坡及堤岸构成，也可通过合理设计使其具有渗透功能，起到一定的补充地下水和净化雨水的作用。

调节塘适用于建筑与小区、城市绿地等具有一定空间条件的区域。

调节塘可有效削减峰值流量，建设及维护费用较低，但其功能较为单一，宜利用下沉式公园及广场等与湿塘、雨水湿地合建，构建多功能调蓄水体。

调节塘应满足以下要求：

1）进水口应设置碎石、消能坎等消能设施，防止水流冲刷和侵蚀。

2）应设置前置塘对径流雨水进行预处理。

3）调节区深度一般为0.6-3m，塘中可以种植水生植物以减小流速、增强雨水净化效果。塘底设计成可渗透时，塘底部渗透面距离季节性最高地下水位或岩石层不应小于1m，距离建筑物基础不应小于3m（水平距离）。

4）调节塘出水设施一般设计成多级出水口形式，以控制调节塘水位，增加雨水水力停留时间（一般不大于24h），控制外排流量。

5）调节塘应设置护栏、警示牌等安全防护与警示措施。详见图7-18。

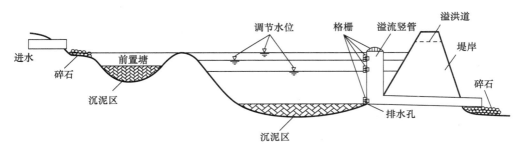

图7-18　调节塘典型构造示意图

16. 调节池

调节池为调节设施的一种，主要用于削减雨水管渠峰值流量，一般常用溢流堰式或底部流槽式，可以是地上敞口式调节池或地下封闭式调节池。

调节池适用于城市雨水管渠系统中，削减管渠峰值流量。

调节池可有效削减峰值流量，但其功能单一，建设及维护费用较高，宜利用下沉式公园及广场等与湿塘、雨水湿地合建，构建多功能调蓄水体。

调节池典型构造图7-19。

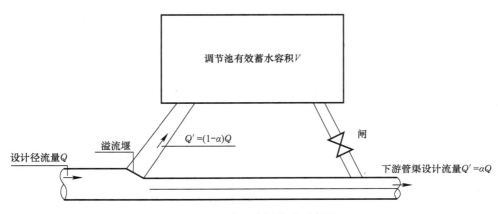

图7-19　溢流堰式调节池示意图

式中：$\alpha = Q'/Q$；t-对应 Q 设计降雨历时；$V = (1-\alpha)^{1.5} \times Q \times t$

17. 初期雨水弃流设施

初期雨水弃流指通过一定方法或装置将存在初期冲刷效应、污染物浓度较高的降雨初期径流予以弃除，以降低雨水的后续处理难度。弃流雨水应进行处理，如排入市政污水管网（或雨污合流管网）由污水处理厂进行集中处理等。常见的初期弃流方法包括容积法弃流、小管弃流（水流切换法）等，弃流形式包括自控弃流、渗透弃流、弃流池、雨落管弃流等。

初期雨水弃流设施是其他低影响开发设施的重要预处理设施，主要适用于屋面雨水的雨落管、径流雨水的集中入口等低影响开发设施的前端。

初期雨水弃流设施占地面积小，建设费用低，可降低雨水储存及雨水净化设施的维护管理费用，但径流污染物弃流量一般不易控制。

初期雨水弃流设施典型构造如图 7-20 所示。

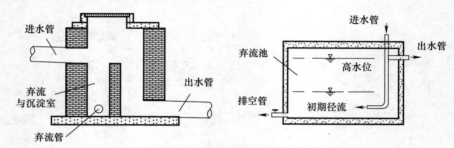

图 7-20　初期雨水弃流设施示意图

18. 人工土壤渗滤

人工土壤渗滤主要作为蓄水池等雨水储存设施的配套雨水设施，以达到回用水水质指标。人工土壤渗滤设施的典型构造可参照复杂型生物滞留设施。

人工土壤渗滤适用于有一定场地空间的建筑与小区及城市绿地。

人工土壤渗滤雨水净化效果好，易与景观结合，但建设费用较高。

7.5.3　设施功能比较

低影响开发设施往往具有补充地下水、集蓄利用、削减峰值流量及净化雨水等多个功能，可实现径流总量、径流峰值和径流污染等多个控制目标，因此应根据城市总规、专项规划及详规明确的控制目标，结合汇水区特征和设施的主要功能、经济性、适用性、景观效果等因素灵活选用低影响开发设施及其组合系统。

低影响开发设施比选如表 7-5 所示。

低影响开发绿色雨水基础设施比选一览表　　　　　　　　　　　　　　表 7-5

单项设施	功能					控制目标			处置方式		经济性		污染物去除率（以 SS 计，%）	景观效果
	集蓄利用雨水	补充地下水	削减峰值流量	净化雨水	转输	径流总量	径流峰值	径流污染	分散	相对集中	建造费用	维护费用		
透水砖铺装	○	●	◎	◎	○	●	◎	◎	√	—	低	低	80-90	—
透水水泥混凝土	○	○	◎	◎	○	◎	◎	◎	√	—	高	中	80-90	—
透水沥青混凝土	○	○	◎	◎	○	◎	◎	◎	√	—	高	中	80-90	—

续表

单项设施	功能					控制目标			处置方式		经济性		污染物去除率（以SS计,%）	景观效果
	集蓄利用雨水	补充地下水	削减峰值流量	净化雨水	转输	径流总量	径流峰值	径流污染	分散	相对集中	建造费用	维护费用		
绿色屋顶	○	○	◎	◎	○	●	◎	◎	√	—	高	中	70-80	好
下沉式绿地	○	●	◎	◎	○	●	◎	◎	√	—	低	低	—	一般
简易型生物滞留设施	○	●	◎	◎	○	●	◎	◎	√	—	低	低	—	好
复杂型生物滞留设施	○	●	◎	●	○	●	◎	◎	√	—	中	低	70-95	好
渗透塘	○	●	◎	○	○	●	◎	◎	—	√	中	中	70-80	一般
渗井	○	●	◎	○	○	●	◎	○	—	√	低	低	—	—
湿塘	●	○	◎	○	○	●	●	◎	—	√	高	中	50-80	好
雨水湿地	●	○	◎	●	○	●	●	◎	—	√	高	中	50-80	好
蓄水池	●	○	◎	○	○	●	◎	○	—	√	高	中	80-90	—
雨水罐	●	○	◎	○	○	●	◎	○	—	√	低	低	80-90	—
调节塘	○	○	●	○	○	○	●	◎	—	√	高	中	—	一般
调节池	○	○	●	○	○	○	●	○	—	√	高	中	—	—
转输型植草沟	◎	○	○	◎	●	◎	○	◎	√	—	低	低	35-90	一般
干式植草沟	○	●	○	◎	●	◎	○	◎	√	—	低	低	35-90	好
湿式植草沟	○	○	○	●	●	○	○	●	—	√	中	低	—	好
渗管/渠	○	◎	○	○	●	◎	○	◎	—	√	中	中	35-70	—
植被缓冲带	○	○	○	●	—	○	○	●	—	√	低	低	50-75	一般
初期雨水弃流设施	◎	○	○	●	—	○	○	●	—	√	低	中	40-60	—
人工土壤渗滤	●	○	○	●	—	○	○	◎	—	√	高	中	75-95	好

注：1 ●——强 ◎——较强 ○——弱或很小；
2 SS去除率数据来自美国流域保护中心（Center For Watershed Protection，CWP）的研究数据。

各类用地中低影响开发绿色雨水基础设施的选用应根据不同类型用地的功能、用地构成、土地利用布局、水文地质等特点进行，可参照表7-6选用。

各类用地中低影响开发绿色雨水基础设施选用一览表　　　　表7-6

技术类型（按主要功能）	单项设施	用地类型			
		建筑与小区	城市道路	绿地与广场	城市水系
渗透技术	透水砖铺装	●	●	●	◎
	透水水泥混凝土	◎	◎	◎	○
	透水沥青混凝土	◎	◎	◎	○
	绿色屋顶	●	○	○	○
	下沉式绿地	●	●	●	◎
	简易型生物滞留设施	●	●	●	◎
	复杂型生物滞留设施	●	●	●	◎
	渗透塘	●	◎	●	○
	渗井	●	◎	●	○
储存技术	湿塘	●	◎	●	●
	雨水湿地	●	●	●	●
	蓄水池	◎	○	◎	○
	雨水罐	●	○	○	○

技术类型 （按主要功能）	单项设施	用地类型			
		建筑与小区	城市道路	绿地与广场	城市水系
调节技术	调节塘	●	◎	●	◎
	调节池	◎	◎	◎	○
转输技术	转输型植草沟	●	●	●	◎
	干式植草沟	●	●	●	◎
	湿式植草沟	●	●	●	◎
	渗管/渠	●	●	●	○
截污净化技术	植被缓冲带	●	●	●	●
	初期雨水弃流设施	●	◎	◎	○
	人工土壤渗滤	◎	○	◎	◎

注：●——宜选用；◎——可选用；○——不宜选用。

7.6 设施规模设计计算

7.6.1 计算原则

1）低影响开发雨水系统构建的各类生态设施，是针对低影响开发控制目标发挥其功能要求，以其设施规模设计计算应以表的降雨量限制值为核心参数标准，采用容积法或水量平衡法通过计算确定。

2）当低影响开发雨水系统构建的各类调蓄设施等，设计兼顾排水防涝净化功能时，其设施规模设计计算应以《室外排水设计规范》GB 540014 设计暴雨强度公式：

$$q = \frac{167A_1(1 + C\lg P)}{(t + b)^n} \tag{7.6.1-1}$$

式中：q——设计暴雨强度 $[L/(s \cdot hm^2)]$；

  P——设计重现期（a），按管渠排水，防涝重现期取值；

  t——设计降雨历时（min）；

  A_1，b，c，n 为当地降雨参数。

设计雨水量按

$$Q = \Psi \cdot q \cdot F \text{ 式计算} \tag{7.6.1-2}$$

式中：Q——设计雨水流量（L/s）；

  Ψ——径流系数；

  F——汇水面积（hm^2）。

7.6.2 计算方法

① 容积法计算公式：

$$V = 10 \cdot H \cdot \Psi \cdot F \tag{7.6.1-3}$$

式中：V——设计调节容积（m^3）；

  H——设计降雨量（mm），参照表 7.3；

Ψ——综合雨量径流系数，可参照表 7-7 进行加权平均计算。

F——汇水面积（hm^2）。

径流系数　　　　　　　　　　表 7-7

汇水石种类	雨量径流系数 Ψ	流量径流系数 Ψ
绿化屋面（绿色屋顶，基质厚度≥300mm）	0.30～0.40	0.40
硬层屋面，未铺石子的平屋面，沥青屋面	0.80～0.90	0.85～0.95
铺石子的平屋面	0.60～0.70	0.80
混凝土或沥青路面及广场	0.80～0.90	0.85～0.95
大块石等铺砌路面及广场	0.50～0.60	0.55～0.65
沥青表面处理的碎石路面及广场	0.45～0.55	0.55～0.65
级配碎石路面及广场	0.4	0.40～0.50
干砌砖石或碎石路面及广场	0.4	0.35～0.40
非铺砌土路面	0.3	0.25～0.35
绿地	0.15	0.10～0.20
水面	1.00	1.00
地下建筑覆土绿地（覆土厚度≥500mm）	0.15	0.25
地下建筑覆土绿地（覆土厚度＜500mm）	0.30～0.40	0.4
透水铺装地面	0.08～0.45	0.08～0.45
下沉广场（50 年及以上一遇）	—	0.85～1.00

② 水量平衡法

水量平衡法主要用于湿塘、雨水湿地等设施储存容积的计算。设施储存容积应首先按容积法进行计算。同时为保证设施常年正常运行，为补充因蒸发蒸腾的水量损失，还应计算每月设施补水量。又降雨时的外排水量，水位变化等相关参数，经过经济分析合理应用设施设计容积的合理性。

③ 以渗透为主要功能的设施规模计算

对于生物滞留设施、渗透塘、渗井等顶部或结构内部有蓄水空间的渗透设施，设施规模应按照以下方法进行计算。

a，渗透设施有效调蓄容积按式

$$V_s = V - W_p \qquad (7.6.1\text{-}4)$$

式中：V_s——渗透设施的有效调蓄容积，包括设施顶部和结构内部蓄水空间的容积，m^3；

　　　V——渗透设施进水量，m^3，按容积法计算；

　　W_p——渗透量，m^3。

b，渗透设施渗透量计算

$$W_p = KJA_s t_s \qquad (7.6.1\text{-}5)$$

式中：W_p——渗透量，m^3；

　　　K——土壤（原土）渗透系数，m/s；（表 7-8）

　　　J——水力坡降，一般可取 $J=1$；

　　　A_s——有效渗透面积，m^2；

　　　t_s——渗透时间，s，指降雨过程中设施的渗透历时，一般可取 2h。

渗透设施的有效渗透面积 A_s 应按下列要求确定：

（1）水平渗透面按投影面积计算；

（2）竖直渗透面按有效水位高度的 1/2 计算；

（3）斜渗透面按有效水位高度的 1/2 所对应的斜面实际面积计算；

（4）地下渗透设施的顶面积不计。

④ 以储存为主要功能的雨水罐，蓄水池等，其储存容积按容积法计算。

⑤ 以调节为主要功能的设施规模计算：

对于调节塘，调节池等调节设施的容积，应按城市雨水管渠系统设计标准，上下游入流，出流流量过程线，经技术经济分析等合理确定，按式

$$V = \text{Max}\left[\int_0^T (Q_{\text{in}} - Q_{\text{out}})\text{d}t\right] \tag{7.6.1-6}$$

式中：V——调节设施容积，m^3；

  Q_{in}——调节设施的入流流量，m^3/s；

Q_{out}——调节设施的出流流量，m^3/s；

  t——计算步长，s；

  T——计算降雨历时，s。

⑥ 容积法弃流设施的弃流容积，应按容积法计算；

⑦ 绿色屋顶的规模计算按渗透铺装规模计算法计算；

⑧ 人工土壤渗滤的规模根据设计净化周期和渗滤介质的渗透性能确定；

⑨ 植被缓冲带规模根据场地空间条件确定。

⑩ 植草沟等转输设施规模计算按城市排水管渠流量法计算。

土壤渗透系数应根据实测资料确定，当无实测资料时，可按表 7-8 选用。

土壤渗透系数   表 7-8

底层	地层粒径		渗透系数 K	
	粒径（mm）	所占重量	（m/s）	（m/h）
黏土	—	—	$<5.70 \times 10^{-8}$	—
粉质黏土	—	—	$5.70 \times 10^{-8} \sim 1.16 \times 10^{-6}$	—
粉土	—	—	$1.16 \times 10^{-6} \sim 5.79 \times 10^{-6}$	$0.0042 \sim 0.0208$
粉砂	>0.075	$>50\%$	$5.79 \times 10^{-6} \sim 1.16 \times 10^{-5}$	$0.0208 \sim 0.0420$
细砂	>0.075	$>85\%$	$1.16 \times 10^{-5} \sim 5.79 \times 10^{-5}$	$0.0420 \sim 0.2080$
中砂	>0.25	$>50\%$	$5.79 \times 10^{-5} \sim 2.31 \times 10^{-4}$	$0.2080 \sim 0.8320$
均质中砂	—	—	$4.05 \times 10^{-4} \sim 5.79 \times 10^{-4}$	—
粗砂	>0.5	$>50\%$	$2.31 \times 10^{-4} \sim 5.79 \times 10^{-4}$	—

8 城市雨水管渠排水系统

城市雨水管渠排水系统是城市建设的主要基础设施之一，是海绵城市雨洪管控过程中雨水收排的重要基础设施。它担负收集源头径流余水输送到接纳水体的功能。它由大小不等的管径管渠组成，像人体血管一样布置在城市的每一个角落，是人们正常生活生产活动的根本保证，也是海绵城市建设的基础设施之一。

城市排水管渠系统有合流制和分流制两种基本方式。合流制是用同一管渠系统收集，输送污水和雨水的排水方式。分流制是用不同管渠系统分别收集，输送污水和雨水的排水方式，即为单独污水管渠系统和雨水管渠系统。传统城市规划建设时期，更多采用合流制排水管渠系统，而现代城市规划建设几乎全部采用分流制排水管渠系统。分流制排水制度经济合理的便于城市污水输送和末端处理管理，更便于城市雨水排水、管理和雨洪控制。

8.1 城市排水管渠系统的组成

8.1.1 城市排水管渠系统分类

1. 污水排水管渠系统：

污水由建筑物卫生器具流入污水管渠和检查井后，经管渠流入污水提升泵站提升进入污水处理厂，经处理后的尾水排入接纳的水体。见图 8-1 (a)。

2. 雨水排水管渠系统：

雨水径流经雨水口收集流入管渠或调节池和检查井进入截留井经截留干管将初降雨水送入污水处理厂，处理后尾水和截留井溢流部分雨水排入接纳水体。见图 8-1 (b)。

3. 污雨合流制排水管渠系统：

由建筑物卫生器具和雨水口收集的合流污水进入排水管渠和检查井。再进入截留井，旱季时污水由截留干管进入污水处理厂处理后的尾水排水接纳水体；雨季时部分污水和雨水混合由截留干管送入污水处理厂处理，还有部分污水和雨水经截留井溢流排入接纳水体。见图 8-1 (c)。

8.1.2 雨水排水管渠系统附属构筑物

雨水排水管渠的附属构筑物包括：雨水口，检查井，跌水井，截留井，出水口等。

1. 雨水口的形式，数量和位置，应按汇水面积所产生的流量，雨水口的泄水能力和道路形式确定，雨水口应设置污物截留设施，合流制系统中的雨水口应采取防止臭气外溢的措施。

2. 截留井，应根据截留干管的位置，合流管渠的位置，溢流管下游水位高程和周围环境等因素确定，截留井宜采用槽式（图8-2），跳越堰式（图8-3）和溢流堰式（图8-4）截留井。

3. 检查井，应设置在管道交汇处，转弯处，管径和坡度改变处以及直线距离50-120m处。检查井是管渠检修时必要设施。

4. 跌水井，当管道跌水水头为1.0-2.0m时宜设跌水井，跌水水头大于2.0m时应设跌水井。

5. 出水口位置，形式和出口流速，应根据受纳水体的水质要求，水体的流量，水位变化幅度，水流方向，波浪情况，稀释自净能力，地形变迁和气候特征等因素确定。出水口应采取防冲刷，消能，加固等措施，并需要设置标志。出水口底标高应在河道常水位以上。

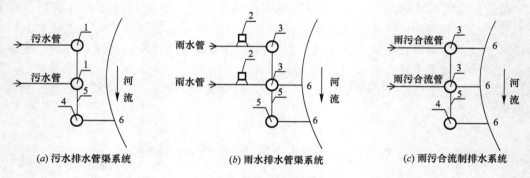

图 8-1　城市排水管渠系统
1. 检查井；2. 调节池；3. 截留井；4. 污水处理厂；5. 截流干管；6. 出水口

8.2　城市排水管渠定线布置

1）排水管渠系统的规划设计，应重力流为主，不设或少设提升泵站。当无法采用重力流或重力流不经济时，可采用泵站提升压力流排水。

2）截留干管宜沿受纳水体岸边布置。

3）雨水管渠系统规划时，应考虑利用水体调蓄雨水，必要时可建人工调节池和初期雨水处理设施。初期降雨弃流宜在源头采取分散的弃流装置，从源头控制污染等。

4）当排水管渠出水口受水体顶托时，应根据地区重要性和积水造成后果，设置潮门，闸门和泵站等设施。

8.3　截　流　井

1）截流井的位置，应根据污水截流干管位置，合流管渠位置，溢流管下游水位高程和周围环境等因素确定。一般设置合流管渠入河口前，也有设置在城区内，将旧有合流支线接入新建区域合流系统。对于雨水管渠系统为弃流初降雨水的设施。

2）截流井分为槽式（图8-2）、堰式（图8-3），槽式和堰式截流井使用较多。槽式截流井的截流效果较好，不影响合流管渠排水能力。

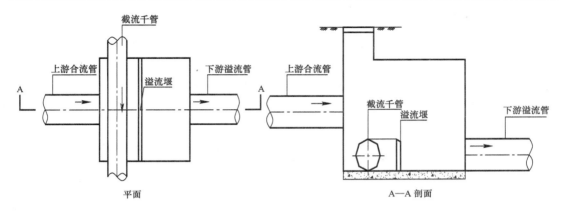

图 8-2 槽式截流井

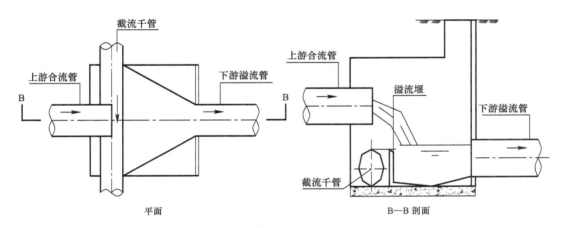

图 8-3 跳越堰式截流井

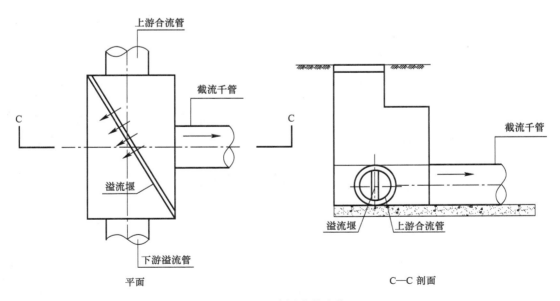

图 8-4 溢流堰式截流井

8.4 调 节 池

调节池可利用公园湖泊，景观河道等作为雨水调蓄水体。以节省管道工程规模。人工建造调节池如图 8-5。

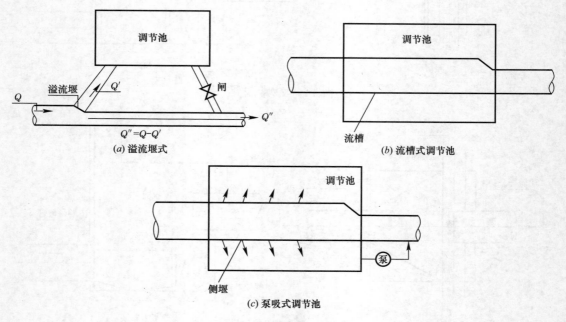

图 8-5 雨水调节池示意

调节池是调节排水管渠高峰径流量的方法。有两种形式：一种利用管渠本身的调节能力蓄洪，称为管渠容量调洪法。该方法调洪能力有限，适用于一般较平坦的地区。另一种是建造人工调节池或利用天然洼地，池塘，河流等蓄洪，该蓄洪法能力很大，可有效地节约调节池下游管渠造价，经济效益显著。

在下列情况下设置调节池：

1) 在雨水干管的中游或有大量交汇处设置调节池，可降低下游各管段的设计流量；

2) 正在发展或分期建设的区域，可用以解决旧有雨水管渠排水能力不足的问题；

3) 在雨水不多的干旱地区，可用于蓄洪养鱼和灌溉；

4) 利用天然洼地或池塘、公园水池等调节径流，可以补充景观水体，美化城市。

8.4.1 调节池类型

1. 溢流堰式调节池是在雨水管渠上设置溢流堰，当雨水在管渠中的流量增大到设定流量时，由于溢流堰下游管渠变小，管渠中水位升高产生溢流，流入雨水调节池。当雨水排水径流量小时，调节池中的蓄存雨水开始外流，经下游管道排出。调节池出水管闸门控制调节池蓄水的利用和排放。

2. 流槽式调节池是雨水管渠流经调节池中央，雨水管渠在调节中变成池底的一个流槽。当雨水在上游管渠中的流量增大到设定流量时，由于调节池下游管渠变小，使雨水不能及时全部排出，即在调节池中淹没流槽，雨水调节池开始蓄存雨水，当雨水量减小到小于下游管渠排水能力时，雨水调节池开始外流，经下游管渠排出。

3. 泵吸式调节池适用于下游管渠较高的情况，可以减小下游管渠的埋设深度。

调节池的入流管渠过水能力决定最大设计入流量，出流管渠泄水能力根据调节池泄空流量决定（要求泄空调节水量的时间≤24h）。调节池最高水位以不使上游地区溢流积水为控制条件，最高与最低水位间的容积为有效调节容积。

8.4.2 调节池容积计算

重力排水管渠系统中调节池容积的计算原理，是用径流过程线，以调控制后的排水流量过程线切割洪峰，将被切割的洪峰部分的流量作为调节池设计容积。

有学者研究，建议采用下式计算调节池容积：

$$V = (1-a)^{1.5} Q_{max} t_c \qquad (8.4.2)$$

式中：V——调节池容积（m^3）；

Q_{max}——调节池上游干管设计流量（m^3/s）；

t_c——对应于Q_{max}的设计降雨历时（s）；

a——下游干管设计流量的降低系数，$a = Q_{下游}/Q_{max}$；

$Q_{下游}$——调节池下游出口干管设计流量（m^3/s）。

调节池容积计算还可采用其他方法。视具体设计工况比较选用。

8.5 城市雨水管渠排水系统规划设计标准

雨水管渠设计重现期，应根据汇水地区性质，城镇类型，地形特点和气候特征等因素，经技术经济比较后确定。《室外排水设计规范》GB 50014 规定如表 8-1。

雨水管渠设计重现期（年）   表 8-1

城镇类型城区类型	中心城区	非中心城区	中心城区的重要地区	中心城区地下通道和下沉式广场等
特大城市	3～5	2～3	5～10	30～50
大城市	2～5	2～3	5～10	20～30
中等城市和小城市	2～3	2～3	3～5	10～20

注：1. 按表中所列重现期设计暴雨强度公式时，均采用年最大值法；

    2. 雨水管渠应按重力流、满管流计算；

    3. 特大城市指区人口在 500 万以上 1000 万以下的城市；大城市指市区人口在 100 万以上 500 万及 500 万以下的城市；中等城市 50 万以上 100 万以下；小城市指区人口在 50 万以下的的城市；

    4. 超大城市指常住人口在 1000 万人以上的城市。

    5. 按以表 8-5 规定取值时，还应符合下列规定：

    ① 人口密集，内涝易发且经济条件较好的城镇，宜采用规定的上限。

    ② 新建地区应按表中规定执行，既有地区应结合地区改建，道路建设等更新排水系统时，按本表规定执行。

    ③ 同一排水系统可采用不同的设计重现期。

8.6 城市雨水管渠排水系统的规划设计雨流量

8.6.1 推理公式

雨水量是雨水排水和雨水利用的核心指标。雨水设施规模规划设计依据雨水设计流量决定。《室外排水设计规范》GB 50014—2006 规定，当汇水面积不超过 2km² 时，采用推理公式（8.6.1）计算雨水设计流量；

$$Q_s = q\Psi F \qquad (8.6.1)$$

式中：Q_s——雨水设计流量（L/s）；

    q——设计暴雨强度 [L/(shm²)]；

    Ψ——径流系数；

    F——汇水面积（hm²）。

当汇水面积超过 2km² 时，宜考虑降雨在时空分布的不均匀性和管网汇流过程，采用数学模型法计算雨水设计流量。

8.6.2 暴雨强度公式

设计暴雨强度，应按下式（8.6.2-1）计算：

$$q = \frac{167A_1(1 + C\lg P)}{(t + b)^n} \qquad (8.6.2\text{-}1)$$

式中：q——设计暴雨强度 [L/(s·hm²)]；

    P——设计重现期（a）；

    t——设计降雨历时（min）；

A_1，b，C，n 为当地降雨参数。

具有 20 年以上自动雨量记录的地区，排水系统设计暴雨强度公式应采用年最大值法编制。

1）雨水排水管渠的降雨历时，应按下列式（8.6.2-2）计算

$$t = t_1 + t_2 \qquad (8.6.2\text{-}2)$$

式中：t——降雨历时（min）；

    t_1——地面集水时间（min），应根据汇水距离，地面坡度和地面种类计算确定，一般采用 5～15min；

    t_2——管渠雨水流行时间（min）。

2）城市排水（雨水）系统是海绵城市雨水收排的转输系统，设计时应考虑低影响开发的雨水渗透，调蓄等措施源头降低雨水径流产汇量，延续出流时间，降低暴雨径流量。

3）随着城镇化的发展，雨水径流增大，考虑排水管渠的输水能力可能不能满足需要或减小排水下游管渠投资建设，又保证排水安全，一种经济的做法是，结合城镇绿化，运动场地等设置雨水调节池。

8.7　雨污水合流制排水管渠规划设计流量

1）合流管渠的设计流量，应按下列式（8.7-1）计算

$$Q = Q_d + Q_m + Q_s = Q_{dr} + Q_s \qquad (8.7\text{-}1)$$

式中：Q——设计流量（L/s）；

　　　Q_d——设计综合生活污水设计流量（L/s）；

　　　Q_m——设计工业废水量（L/s）；

　　　Q_s——雨水设计流量（L/s）；

　　　Q_{dr}——截流井以前的旱流污水量（L/s）。

2）截流井以后管渠的设计流量，应按下列公式（8.7-2）计算：

$$Q' = (no + 1)Q_{dr} + Q'_s + Q'_{dr} \qquad (8.7\text{-}2)$$

式中：Q'——截流井以后管渠的设计流量（L/s）；

　　　no——截流倍数；

　　　Q'_s——截流井以后汇水面积的雨水设计流量（L/s）；

　　　Q'_{dr}——截流井以后的旱流污水量（L/s）。

3）截流倍数 no 应根据旱流污水的水质、水量、排放水体自净的环境容量、水文、气候、经济和排水区域大小等因素经计算确定，一般采用2～5。在同一排水系统中可采用同一截流倍数或不同截流倍数。

4）合流管渠的短期积水会污染环境，散发臭味，引起较严重后果故合流管渠的雨水设计重现期可适当高于同一情况下的雨水管道设计重现期。

9 超标雨水内涝防治系统

超标雨水内涝防治系统是海绵城市建设"排涝除险，超标应急"的雨洪管控的又一个节点。

随着我国城镇化快速发展，粗放性、破坏性开发建设，破坏城市原生态，改变原有水文地质状况，使城市内涝频频发生，造成危害也日趋严重，影响城市生活、生产健康发展和社会秩序的有序进行。人们由此对城市建设和管理能力指出许多疑问，也就暴露了城市基础设施规划建设和管理方面存在诸多问题，其中缺少完善的城市防排涝规划建设和工程建设老旧，建设标准低下而没有相应随城市建设升级跟进有很大关系。

城市涝水的出现，本质是降雨强度或地表径流峰值产汇流峰值使城市排水管道系统超过设计标准或排水系统缺陷或管道排水系统缺陷造成的溢流水现象。

应该说城市的排水防涝一直为人们所重视。只是因为经济发展和治理技术低下，城市生活水平不高，城市在缓慢地发展前行，造成城市排水防涝设施不够完善，对已有的设施又缺乏日常管理，维修不到位。致使城市排水防涝工程设施建设落后于城市的快速发展步伐。近年来，由于城市内涝灾害频频发生，造成巨大经济损失和人员伤亡，严重影响了城市正常的安全运行，受到了人民群众、新闻媒体和政府的高度重视，工程技术人员和学者从不同角度研究涝水产生原因和排水防涝的解决途径。政府将城市排水防涝提高到国家层面予以解决。由此，国务院2013年关于做好城市排水防涝设施建设工作的通知"要求为科学防治城市内涝提出了从规划做起的基本要求"。2014年1月1日颁发的"城镇排水与涝水处理条例"要求编制城镇内涝防治专项规划由政府主管部门负责组织和管理奠定了法律依据。

9.1 超标雨水内涝防治系统架构

时至今天，传统的城市排水（雨水）防涝系统包括：源头减排水系统，排水管渠系统和雨水排水防涝系统。其涝水形成，是因为降雨强度超过源头减排雨水系统和排水管渠系统的设计标准，而产生溢流峰值更高的径流冲刷城市地表面，汇流至城市某些低洼地域聚集产生内涝或城市内河倒灌进入市区泛滥成灾，造成人员财产损失和社会生产，生活秩序混乱，严重影响城市正常运行。

从单项工程而言，一场超过城市排水管渠系统承载能力的雨水，经过源头减排系统的阻断，剩余的径流雨水进入城市排水管渠后，超载雨水径流流入防涝排水系统的终端过程构筑物均应属城市排水（雨水）防涝工程体系。在前几节已有叙述源头减排和城市雨水管渠排水系统，此节仅概述承接超标雨水的内涝防治系统。

雨水内涝防治系统的功能，即为内涝防治和内涝排涝工程组成。内涝防治工程为沟渠，行泄通道，道路坡降和滞洪区，地下深邃，滞水调蓄设施组成。排涝工程是排水管渠系统和内涝防治工程的终端,即是保证城市及时排涝,保证城市安全的蔽障,由接纳涝水的河道,管道闸门,沟道泄洪闸门,管渠出口防倒灌闸门及排涝泵站等工程组成。

城镇内涝防治措施包括工程性措施和非工程性措施。通过源头控制,排水管网完善,城镇涝水行泄通道建设和优化运行管理等综合措施防止城镇内涝。工程性措施,包括建设雨水渗透措施,调蓄设施,利用设施(水库)和雨水行泄通道,还包括对市政排水管网和泵站进行改造,对城市内河进行整治等。非工程性措施包括建立内涝防治设施的运行监控体系,预警应急机制以及相应法律法规等。

9.2 超标雨水内涝防治系统的设计标准

城市内涝是一种自然灾害,城镇内涝防治的主要目的是将降雨期间的地面积水控制在可接受的范围。鉴于我国已发布专门针对内涝防治的设计标准规范,即《城镇内涝防治技术规范》GB 51222 规定的内涝防治设计重现期积水深度标准(表 9-1),用以规范和指导内涝防治设施的设计。资料显示发达国家和地区均有城市内涝防治系统,主要包括雨水管渠,坡地,道路,河道和调节设施等所有雨水径流可能流经的区域。美国,日本,欧盟等国家和地区均对内涝重现期做了明确规定。

内涝防治设计重现期　　　　　　　　　　　　　　　表 9-1

城镇类型	市区人口/万人	重现/年	地面积水设计标准
超大城市	>1000 万	100	1)居民住宅和工商业建筑物的底层不进水; 2)道路中一条车道的积水深度不超过 15cm
特大城市	>500 万	50～100	
大城市	100 万～500 万	30～50	
中等城市和小城市	<100 万	20～30	

表中内涝防治系统设计重现期根据城镇类型、积水影响程度和内河水位变化等因素,经技术经济比较后设计选用确定。

1. 经济条件较好,且人口密集,内涝易发的城镇,宜采用规定的上限;

2. 目前不具备条件的地区可分期达到标准;

3. 当地面积水不满足表中要求时,应采取渗透,调蓄,设置雨洪行泄通道和内河整治等措施;

4. 对超过内涝重现期的暴雨,应采取包括排工程性措施在内的综合应对措施。

5. 地面积水设计标准没有包括具体的积水时间,各城市应根据地区重要性等因素,因地制宜确定设计地面积水时间。

9.3 超标雨水内涝防治工程性措施

内涝防治系统用于防止和应对城镇内涝的工程性和非工程性措施,以一定方式组合成的总体,包括雨水收集、输送、调蓄、行泄、处理和利用的天然和人工设施以及管理措施。内涝防治措施应与城市平面规划、竖向规划和防洪规划相协调,根据当地地形特点,水文条件,气候特征,雨水管渠系统、防洪设施现状和内涝防治要求等综合分析后确定。

2013 年 6 月住房与城乡建设部发文《城市排水（雨水）防涝规划编制大纲》（建城〔2013〕98）要求，城市排水（雨水）防涝措施的规划设计内容如下所述。

9.3.1 城市雨水排水防涝现状及问题分析

1）城市水系包括内河（不承担流域性防洪功能河流）、湖泊、池塘，湿地等水体的几何特征、标准、设计水位及城市雨水排放口的分布等基本情况。城市区域内承接流域防洪功能的受纳水体的几何特征，设计水（潮）位和流量等基本情况。

2）城市雨水排水分区情况，每个排水分区的面积，径流系数，最终排口等。

3）城市竖向，道路竖向，主次干道的道路控制标高。

4）历史内涝积水情况、积水深度、范围。

5）城市现存排水设施的排水管渠长度、管材、管径、管内底标高、流向、建设年限、设计标准、雨水管道和合流制管网情况及城市雨水管渠的运行情况。城市排水泵站位置、设计流量、设计标准、服务范围、建筑年限及运行情况。行水通道、管渠、调蓄库、防洪闸门、排水出口防倒灌拍门情况。

6）城市内涝防治设施的雨水调蓄设施和管滞空间分布及容量情况。

7）问题及成因分析，从体制、机制、规划、建设、管理等方向进行分析。

9.3.2 城市现状排水防涝系统能力评估

1. 排水系统总体评估

1）城市雨水管渠的覆盖程度；

2）城市各排水分区内的管渠达标率（各排水分区内满足设计标准的雨水管渠总长度与该排水分区内雨水管渠总长度的比值）；

3）城市雨水泵站的达标情况（满足设计标准的雨水泵站排水能力与全市泵站总排水能力的比值）。

4）对城市排水管渠现状的评估情况。

2. 现状排水能力的评估

在排水防涝设施普查的基础上，使用水力模型对城市现有雨水排水管网和泵站等设施进行评估，分析实际排水能力。

3. 内涝风险评估和区划

使用水力模型进行城市内涝风险评估。通过计算机模拟获得雨水径流的流态、水位变化、积水范围和淹没时间等信息，采用单一指标或者多个指标叠加，综合评估城市内涝灾害的危险性；结合城市区域重要性和敏感性，对城市进行内涝风险等级进行划分。

基础资料或手段不完善的城市，也可采用历史水灾法进行评估。

9.3.3 城市防涝规划设计

1）平面与竖向控制

结合城市内涝风险评估的结果，优先考虑从源头降低城市内涝风险，提出用地性质和场地竖向调整的建议。

2）城市内河水系综合治理

根据城市排水和内涝防治标准，对现有城市内河水系及其水工构筑物在不同排水条件下的水量和水位等进行计算，并划定蓝线；提出河道清淤、拓宽、建设生态缓坡和雨洪蓄滞空间等综合治理方案以及水位调控方案，在汛期时应该使水系保持低水位，为城市排水防涝预留必要的调蓄容量。

3）城市防涝设施布局

① 城市涝水行泄通道

使用水力模型，对涝水的汇集路径进行分析，结合城市竖向和受纳水体、分布以及城市内涝防治标准，合理布局涝水行泄通道。行泄通道应优先考虑地表的排水干沟，干渠以及道路排水；对于建设地表涝水行泄通道确有困难地区，在充分论证的基础上，可考虑选择深层排水隧道措施。

② 城市雨水调蓄措施

优先利用城市湿地、湖泊、塘坑、公园水景、下凹式绿地和下凹式广场等作为临时雨水调蓄空间；也可设置雨水调蓄专用设施（如水库等）。

4）与城市防洪设施的衔接

统筹防洪水位和雨水排放口标高，保障在最不利条件下不出现顶托，或设置防顶闸阀，拍板等措施，确保城市排水通畅和不被倒灌。

5）城市防涝非工程性措施

① 建立有利于城市排水防涝统一管理的体系机制，做好城市排水防涝规划，设施建设，工程维护和相关工作，确保规划设计要求全面落实在建设和运行管理上。

② 建立城市排水防涝数字信息化管理平台，实现普查数据，日常管理，运行调度，灾情预判和辅助决策，提高城市排水防涝设施规划建设，运行管理和应急水平。

③ 应急管理，强化应急管理，制定，修订相关应急预警，明确预警等级、内涵及相应的处理程序和措施，健全应急处理的技防、物防、人防措施。

9.4 雨 水 量

1）当汇水面积小于 $2km^2$ 时，采用推理公式

$$Q_s = q\psi F \tag{9.4.1}$$

式中：Q_s——雨水设计流量（L/s）

q——设计暴雨强度 $[L/(s \cdot hm^2)]$

ψ——径流系数（表 3.2-3，表 3.2-4）；

F——汇水面积（hm^2）

2）当汇水面积超过 $2km^2$ 时，宜考虑降雨在时空分布的不均匀性和管网汇流过程，采用数学模型法计算雨水设计流量。

3）设计暴雨强度，应按下列公式计算：

$$q = \frac{167A_1(1+ClgP)}{(t+b)^n} \tag{9.4.2}$$

式中：　q——设计暴雨强度 $[L/(s \cdot hm^2)]$

t——降雨历时（min）；

$$t = t_1 + t_2$$

t_1——地面集水时间（min），应根据汇水距离、地面坡度、地面种类和暴雨强度等因素确定，一般采用 5min～15min；

t_2——管渠内排水流行时间（min）；

P——设计重现期（年）（表 9.2）。

A_1，C，b，n——系数，根据统计方法进行计算确定。

　　该公式应是按年最大值法编制的。如果采用年多个样法编制的暴雨强度公式，存在计算雨水量偏小，也和防洪系统不宜衔接等问题。

　　4）地面集水时间也可按下列规定计算：

　　（1）当地面汇水距离不大于 90m 时，可按下式计算：

$$t_1 = \frac{10.41(n_0 \cdot L)^{0.6}}{q^{0.4}S^{0.3}} \tag{9.4.3}$$

式中：t_1——地面集水时间（min）；

n_0——粗糙系数；

L——地面集水距离（m）；

q——设计暴雨强度 $[L/(s \cdot hm^2)]$；

S——地形坡度。

　　（2）当地面汇水距离大于 90m 时，可按下式计算：

$$t_1 = \frac{L}{60RS^{0.5}} \tag{9.4.4}$$

式中：R——地面截留系数，用混凝土、沥青或砖石铺装的地面取 6.19，未铺装地面取 4.91。

　　5）进行内涝防治设计重现期校核时，由于需要计算渗透、调蓄等设施对雨水的滞蓄作用，因此宜采用较长历时降雨，且应考虑降雨历程，即雨型的影响。由于各地关于雨型的统计资料比较匮乏，排水系统的设计一般假定在一定降雨历时范围内暴雨强度保持恒定，不考虑雨型。为了满足内涝防治设计的要求，并考虑到我国目前的实际情况，降雨历时可用 3～24h。

　　6）对于汇水面积范围较大、透水性地面比例较高的地区，特别是未开发区，综合径流系数难以准确确定，以此计算径流量可能会产生较大误差。现行多个水力模型均包含通过扣损法确定净雨量的模块，可以在合理确定模型参数的基础上进行更加准确的径流计算。截留和洼蓄量应包含城区域源头减排设施的截留雨水量，所以雨水量可以按净雨量和净雨过程线的确定应扣除集水区蒸发、植被截留、洼蓄和土壤下渗等损失，按式（9.4.5）计算：

$$R_0 = (i - f_m)t - D_0 - E \tag{9.4.5}$$

式中：R_0——净雨量（mm）；

i——设计降雨强度（mm/h）；

f_m——土壤入渗率（mm/h）；

t——降雨历时（h）；

D_0——截留和洼蓄量（mm）；

E——蒸发量（mm），降雨历时较短时可忽略。

7）土壤下渗能力随时间的变化过程，可按式（9.4.6）计算：

$$f_m = f_c + (f_0 - f_c)e^{\frac{-k_0 t_x}{3600}} \tag{9.4.6}$$

式中：f_m——土壤下渗能力（mm/h）；

f_c——稳定入渗率（mm/h），见表 9-2；

f_0——初始入渗率（mm/h）；

k_0——衰减常数（h^{-1}），可取 2~7；

t_x——下渗时间（s）。

水力模型 SWMM 土壤稳定入渗率取值（mm/h） 表 9-2

土壤系数	稳定入渗率
砂土、沙壤土或壤质砂土	7.6~11.4
粉质壤土或壤土	3.8~7.6
砂质黏壤土	1.3~3.8
黏壤土、粉质黏壤土、砂质黏土、粉质黏土或黏土	

注：此表为水力模型模拟时参数。

10 城市防洪保护系统

城市防洪保护系统是海绵城市建设"防洪抗灾"的重要节点。

随着我国城镇化的迅速发展，城市规模不断扩大，城市财富和人口密度也日益增长，城市一旦遭受洪涝灾害，就会给人民生命财产造成巨大损失。因此，城市防洪工作关系到社会稳定和人民生活安居乐业，搞好城市防洪工作，保障城市安全，具有十分重要的政治、经济意义。

城市的防洪规划设计也应是海绵城市治水的一个组成部分，应与城市总体规划建设相一致。城市防洪规划设计范围内的防洪工程措施也应与流域防洪规划设计相统一，与城市防洪有关的上下游治理方案也应与流域防洪规划设计相协调。城市防洪系统是为防治洪水、涝水和潮水危害保障城市安全的建设工程。

洪涝灾害常相伴发生，涝灾与洪灾共同点是由暴雨降水地表积水（或径流），区别是涝灾因本地域降水过多而造成，洪灾则是本地域暴雨或其他地域的客水入境而造成的。洪灾洪水是一种峰值高雨量大、水位急剧上涨的自然现象，洪水一般包括：江河洪水、城市暴雨洪水、海滨河口的风暴潮洪水、山洪和凌汛等。洪灾则包括：由江河洪水、山洪、风暴潮洪水、泥石流和凌汛等引发的灾害，造成经济损失尤为严重。涝水有时也形成洪灾，涝水涝灾形成时，往往洪峰流量也较大，城区外河水水位升高，涝水排泄不畅，导致低洼地带积水，路面受淹，也造成涝水灾害。

10.1 城市防洪工程

10.1.1 城市防洪工程措施

防洪工程措施为控制、防御洪水以减免洪灾损失所修建的工程，主要有防护河堤，河道整治，分洪工程和水库防洪等，按功能和兴建目的可分为挡、泄（排）和蓄（滞）几类工程。

1 挡。主要是使用工程措施"挡"住洪水对保护对象的侵袭，如用河堤、湖堤防御河、湖的洪水泛滥；用海堤和挡潮闸防御海潮；用围堤保护低洼地区不受洪水侵袭。

2 泄。主要是增加泄洪能力。常用的措施有修筑河堤，整治河道（如扩大河槽、裁弯取直）开辟分洪道等。

3 蓄滞。主要作用是拦蓄（滞）调节洪水、削减洪峰、减轻下游防洪负担、如利用水库、分洪区（含改造利用湖、洼、湾等）工程等。水库除可起防洪作用外，还能蓄水调节径流、利用水资源，发挥综合效益、成为近代河流开发中普遍采取的措施。

10.1.2 防洪非工程措施

通过法令、政策、行政管理、经济和防洪工程以外的技术等，以减少洪泛区洪水灾害损失的措施。防洪非工程措施一般包括防洪法规、洪水预报、洪水调度、洪水预警、洪泛区管理、河道清障、超标准洪水防御措施、洪水保险、洪灾救急等。

10.2 城市防洪标准

城市防洪标准按下列原则确定：

1）根据城市总体规划确定的中心城区集中防洪保护区或独立防洪保护区内的常住人口规模；

2）城市的社会经济地位。也就是说城市重要性不仅体现在人口规模上，还反映出在国家经济地位上，如历史文化名城、科技工业园区，尽管人口少，但经济社会影响大，或用地体积大，出现涝洪灾害、损失巨大，应注重标准合理确定、

3）洪水类型及其对城市安全的影响。防洪主要防止城市客水侵袭，但同时应防止遭受内部河流洪水威胁；特别是山洪和泥石流的威胁；沿海城市有风暴潮的影响，以防洪标准应考虑洪水类型的方方面面，选择时应全面考虑因素。

4）城市历史洪灾成因、自然及技术经济条件。防洪标准还应与城市历史洪灾成因和洪峰流量相对应校核、城市的自然状况和所能承受的技术经济条件以及流域城市规划有关，需要综合统筹考虑，科学合理确定。

5）城市防洪标准按 GB 50201《防洪标准》确定如表 10-1。

城市防洪标准   表 10-1

保护等级	重要性	常住人口（万人）	当量经济规模（万人）	防洪标准（重现期）（年）
I	特别安全	≥150	≥300	≥200
II	安全	<150，≥50	<300，≥100	200-100
III	比较安全	<50，≥20	<100，≥40	100-50
IV	一般	<20	<40	50-20

注：1. 当量经济规模为城市防护区人居 GDP 指数，与人口的乘积，人均 GDP 指数为城市防护区人均 GDP 与同期全国人均 GDP 的比值。

2. 防护等级，对于同一类型的防护对象，为了便于针对其规模或性质确定相应的防护标准，从防洪角度，根据一些特性指标将其划分若干等级。

6）位于平原、湖洼地区的城市防护，当需要防御持续时间较长的江河洪水或湖泊高水位时，其防洪标准可取表中规定的较高值。

7）位于滨海地区的防护等级为 III 级及以上的城市防护区，当按表中防洪标准确定的设计高潮位低于当地历史最高潮位时，还应采用当地历史最高潮位进行校核。

10.3 城市防洪工程规划设计基础资料

城市防洪工程规划设计，应调查收集气象、水文、泥沙、地形、地质、生态与环境和社会经济、人口规模等基础资料，选用的基础资料应准确可靠。

（一）测量资料

1. 地形图。

地形图是规划设计的最基本资料、收集齐全后，还要到现场实地踏勘，核对并熟悉与

工程有关的地形情况。

2. 河道、山洪沟纵断面图和横断面图。

对拟设防和整治的河道和山洪沟，必须进行纵横断面的测量，并绘制纵横断面图。应根据防洪工程的范围大小，确定其测量范围。

（二）地质资料

1. 水文地质资料，防护区域的地面覆盖层，透水层的渗透系数。地下水的埋藏深浅，水力坡降，流速和流向，以及地下水的物理化学性质等。

2. 工程地质资料，防护区域的地质构造。地貌条件，地层岩石和土壤的物理力学性质，滑坡和陷落情况。

（三）水文气象资料

1. 历年最大洪峰流量及洪水过程线；

2. 历年暴雨量，最高洪水位；

3. 防治河段的水位，流量关系曲线；

4. 历年最高潮水位；

5. 历年最大风速，雨季最大风速及风向；

6. 气流、气压、湿度和蒸发量；

7. 河流含沙量，河道变迁情况。

（四）其他资料

1. 汇水区内地貌和植被情况；

2. 城市总体规划及状况，流域防洪规划

3. 历史洪水灾害成因及其损失情况。

10.4 城市防洪工程措施

10.4.1 城市堤防工程技术要点

（1）堤防布置应利用地形形成封闭式的防洪保护区。堤线应平顺，避免急弯和局部突出。根据设计洪水主流线、地形和地质、沿河公用设施布置情况以及城市景观效果合理确定。

（2）江河沿程设计水位，应根据防洪标准的设计洪水量及相应水位，分析计算设计洪水水位面线确定。

10.4.2 城市河道整治技术要点

（1）河道整治应保持河道的自然形态，在稳定河势，维持或扩大河流泄流能力基础上，兼顾相关公用建设要求。确需裁弯取直及疏浚（挖槽）时，应与上下游河道平顺连接。

（2）截弯取直及疏浚挖槽形成新河河道选择应根据地质、新河平面形态及其与原河上、下游河断面衔接统筹考虑，保持上下游河道之间平顺连接，形成新河导流。下游河湾迎流的河势。

10.4.3 城市排洪渠布置技术要点

（1）排洪渠渠线应结合城市用地布局综合考虑，做好渠线平顺，地质稳定。

（2）排洪渠出口受洪水或潮水顶托时，应在排洪渠出口处设置挡洪（潮）闸；必要时应设置泵站提升排洪渠内洪水。

10.4.4 泥石流防治技术要点

（1）拦挡坝坝址应选在沟谷宽敞段的下游卡口处；拦挡坝单级或多级设置。

（2）排导沟应布置在长度短、沟道顺直、坡降大和出口处具有堆积场地的地带；其横断面宜窄深，坡度宜较大，沟口应避免洪水倒灌和受堆场淤积的影响。

（3）停淤场宜布置在坡度小、场地开阔的沟口扇形地带，并应利用拦挡坝和引流堤引导泥石流在不同部位落淤。

10.4.5 防洪闸技术要点

（1）闸址应选择在水流流态平顺，河床、岸坡稳定的河段。泄洪闸应选在河段顺直或截弯取直的地点；分洪闸应选在被保护城市上游，且河岸基本稳定的弯道凹岸顶点稍偏下游处或直段。

（2）拦河闸的轴线宜与所在河道中心线正交，其上下游河道的直线段长度不宜小于闸进口处设计水位水面宽度的 5 倍。

（3）分洪闸的中心线与主干河道中心线交角不宜超过 30 度，位于弯曲河段宜布置靠河道深泓一侧，其方向宜与河道水流方向一致。

（4）泄洪闸的中心线与主干河道中心线的交角不宜超过 60 度，下游引河宜短且直。

（5）防潮闸闸址宜选在河道入海口处的顺直河段，其轴线宜与河道水流方向垂直。重要的防潮闸闸址确定，必要时应进行模型试验检验。

10.4.6 山洪防治技术要点

（1）山洪防治应以山洪沟流域为治理单元，应集中治理和连续治理相结合。

（2）山洪防治宜利用山前水塘、洼地、滞洪蓄水。修建调蓄山洪的小型水库应根据失事后造成损失程度适当提高防洪标准。

（3）排洪渠道渠线宜沿天然沟道布置，宜选择地形平缓、地质条件稳定，渠线顺直的地带。渠道较弯的宜分段设置。两渠断面有变化时，宜采用渐变段衔接，其长度可取水面宽度之差的 5～20 倍。

（4）排洪明渠设计纵坡度应经济技术比较后确定，当自然纵坡大于 1：20 时或局部渠段高差较大时，可设置陡坡和跌水。

（5）排洪明渠宜采用挖方渠道，渠道口宜设置拦截山洪泥沙的沉沙池。

（6）排洪暗渠应设检查井、其间距可取为 50～100m。暗渠走向变化处应加设检查井。

10.5 防洪工程非工程措施

（1）城市防洪工程应明确管理体制、机构设置和人员编制，划定工程管理范围和保护范围，提出监测、交通、通信、警示、抢险、生产管理和生活设施。

（2）城市防洪预警警报系统、洪水调度方案、运行管理规定。

（3）城市防洪工程管理应有超标准洪水处置的应急预案。

10.6 由暴雨资料推求设计洪水

10.6.1 设计洪水

设计洪水是指城市防洪工程设计中江河、山沟和城市山丘区河沟设计断面所指定标准的洪水，根据城市防洪工程设计需要可分别计算设计洪峰流量、时段洪水总量和洪水过程线。其推求方法有如下几种：

1）大中型城市防洪工程，基本采用流量资料计算设计洪水，城市防洪设计断面或其上下游附近地点具有30年以上实测和插补延长的洪水流量资料，并有历史调查和洪水的资料时，可采用频率分析法计算设计洪水

2）城市所在地区具有30年以上实例和插补延长的暴雨资料，并有暴雨和洪水对应关系的资料时，可采用频率分析法计算设计暴雨，可由设计暴雨推算设计洪水。

3）城市所在地域洪水和暴雨资料均短缺时，可利用自然条件相似的邻近地域实测和调查的暴雨、洪水资料进行地域综合分析，估算设计洪水。对于小流域城市可采用推理公式（10.6.3-1）或经验公式（10.6.3-4）估算设计洪水；也可采用经审批的流域防洪规划中的明确规定城市河段的控制性设计洪水位值。

4）设计洪水的确定应考虑城市化发展使地面径流系数增大，洪水量增加等对集水区的影响因素。

10.6.2 由暴雨资料推求设计洪水

我国大部分地区的洪水是由暴雨形成的，而且雨量观测资料比流量资料的时间长，观测点多，因此多以利用暴雨径流关系，推求出所需要的洪水参数。

城市防洪工程设计洪水，应根据设计要求计算洪峰流量，不同时段洪量和洪水过程线。设计洪水指城市防洪工程设计中江河，山沟和城市山丘区河沟设计断面所指定标准洪水。又因城市江河具有一定的长度，一般要选定一个控制断面作为设计断面进行设计洪水计算。城市防洪建筑物主要是洪峰流量，即设计洪水位起控制作用。鉴于洪水位受河道断面的影响，一般采用先计算洪水流量再用水位流量关系法或推水面线的方法确定设计洪水水位。洪水水位是防洪建筑物设计的最核心参数。

设计洪水过程线图（图10-1），反映了设计洪水流量随时间而变化的过程，包括洪峰流量，一次洪水总量，起涨历时，退水历时以及峰形等洪水过程线的主要因素，反映了一次洪水从起涨到退水的全

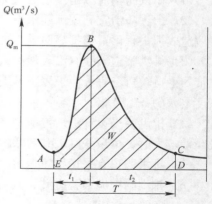

图 10-1 设计洪水过程线图

Q_m——洪峰流量（m^3/s），一次洪水过程中的最大流量；W——一次洪水的总径流量（m^3），即 $ABCED$ 所包围的面积；A—洪水起涨点；B—洪峰点；C—退水结束点；t_1—涨水历时；t_2—退水历时；T—洪水总历时（$T = t_1 + t_2$）。

过程，它一般应用于对洪水具有一定调节能力，必须考虑洪水调节变形影响的工程（如水库、河川枢纽等），用以确定工程规模。

10.6.3　洪峰流量计算公式

由前面暴雨强度章节叙述的暴雨强度公式编制原理用年最大值法，可以适用于水利部分的城市防洪设计洪峰流量计算。以下公式都是以暴雨强度推求建立的数学公式，故均可选用于设计洪峰流量计算。

1. 推理公式

适用于汇水面积 $500km^2$ 以内。

$$Q_p = 0.278\psi\frac{S_p}{\tau^n}F(m^3/s) \tag{10.6.3-1}$$

$$\tau = 0.278\frac{L}{mJ^{1/3}Q_p^{1/4}} \tag{10.6.3-2}$$

$$\theta = \frac{L}{J^{1/3}} \tag{10.6.3-3}$$

式中：Q_p——设计洪峰流量（m^3/s）；

　　　S_p——设计频率暴雨雨力（mm/h）；

　　　ψ——洪峰流量径流系数；

　　　τ——流域汇流时间（h）；

　　　n——暴雨递减指数（按地区等值线图采用）；

　　　F——流域面积（km^2）；

　　　L——为城市河流主河槽长度（km）；

　　　m——为区域汇流参数（表 10-2）；

　　　J——主河槽坡降；

　　　θ——为区域集水区特征参数。

一般地区的平均情况 θ、m 值　　　　　　　　　　　表 10-2

$\theta=1\sim30$	$\theta=30\sim100$	$\theta=100\sim400$
$m=0.8\sim1.2$	$m=1.0\sim1.4$	$m=1.1\sim1.7$

2. 设计洪水洪峰流量计算经验公式

适用于汇水面积 $100km^2$ 以内。

$$Q_p = KS_pF^{\frac{2}{3}}(m^2/s) \tag{10.6.3-4}$$

式中：　　　K——为设计洪峰流量参数（表 10-3）；

　　Q_p、S_p、F——同上。

洪峰流量参数 K　　　　　　　　　　　表 10-3

汇水区	项目			
	J(‰)	ψ	v(m/s)	K
石山区	>15	0.80	2.2~2.0	0.6~0.55
丘陵区	>5	0.75	2.0~1.5	0.50~0.40

汇水区	项目			
	J(‰)	ψ	v(m/s)	K
黄土丘陵区	>5	0.7	2.0~1.5	0.47~0.37
平原坡水区	>1	0.65	1.5~1.0	0.4~0.3

注：参数 K 可按简化公式计算，$K=0.42\psi v^{0.7}$ 计算。

3.《室外排水设计规范》GB 50014—2016

推理公式作为城市防洪工程设计的洪水计算公式。即

$$Q = q\psi F \tag{10.6.3-5}$$

$$q = \frac{167A_1(1+c\lg p)}{(t+b)^n} \tag{10.6.3-6}$$

$$t = t_1 + t_2 \tag{10.6.3-7}$$

式中：　Q——雨水设计流量（L/s）；

　　　　q——设计暴雨强度 $[L/(s \cdot hm^2)]$；

　　　　ψ——径流系数；

　　　　F——汇水面积（hm^2）；

　　　　p——设计重现期（年）；

　　　　t——降雨历时（min）；

　　　　t_1——地面集水时间（min）；

　　　　t_2——管渠内流行时间（min）；

A_1、b、c、n——参数，根据统计方法进行计算确定。

设计洪水的计算方法应科学合理，对主要计算环节、选用的有关参数和设计洪水计算结果，应进行多方面分析，检查结果的合理性。因此，在确定设计计算值时应注意：不论采用上述那个公式，都要在工程所在断面附近，进行洪水调查，将成果作为计算和分析论证依据，以求证计算结果的准确性。

10.7　设计潮水位

设计高（低）潮位是沿海城市进行防洪规划设计时的一个重要水文参数。潮水位是设计堤防、护岸和防潮闸等建筑的高程，构筑物的造型及结构计算的必需的设计依据。

设计潮水位应依据设计要求分析计算高、低潮水位和设计潮水位过程线。潮水位应按年最大（年最小）值法选取高、低潮水位。当城市附近有潮水位站且有 30 年以上潮水位观测资料时，应依据此站的系列资料分析计算设计潮水位。

1. 依据实测潮位资料推算设计高（低）潮水位

应用潮水位频率曲线推算不同频率高（低）潮水位。设有 n 个年最高（低）潮水位值 h_i，则：

$$h_p = \bar{h} \pm \lambda_{pn} S \tag{10.7-1}$$

式中：h_p——设计年频率 p 的高（低）潮水位（m）；高潮位用正号，低潮位用负号；

　　　λ_{pn}——与设计频率 p 及资料年数 n 有关的系数，查相关表格数据；

$\bar{h}$——n 年中的年最高（低）潮位值 h_i 平均值（m），

$$\bar{h} = \frac{1}{n} \sum_{i=1}^{n} h_i$$

S——n 年 h_i 的均方差，

$$S = \sqrt{\frac{1}{n} \sum_{i=1}^{n} h_i^2 - \bar{h}^2}$$

计算低潮水位时，h_i 应按递增系列排列。

2. 设计依据实测潮水位不足 30 年资料推求设计高（低）潮水位

设计依据站潮水位系列在 5 年以上，但不足 30 年时，可用邻近地区有 30 年以上资料，可采用极值差比法按下式计算设计潮水位：

$$h_{sy} = A_{ny} + \frac{R_y}{R_x}(h_{sx} - A_{nx}) \tag{10.7-2}$$

式中：h_{sx}、h_{sy}——拟建工程地点和设计依据站设计高（低）潮水位（m）；

A_{nx}、A_{ny}——拟建工程地点和设计依据站的同期年平均海平面值（m）；

R_x、R_y——拟建工程地点和设计依据站的同期各年年最高、年最低潮水位的平均值与平均海平面值差值。

3. 设计潮水位过程线

以实测潮水位作为典型绘制设计潮水位过程线。

11 城市雨洪管理非工程性措施

海绵城市建设工程应明确管理体制，机构设置和人员编制，划定工程管理范围和保护范围，提出监测、交通、通信、警示、抢险、生产管理和生活设施；应进行防灾预警系统设计，防灾调度方案，制度管理和维护规定，保障运行管理费用。

11.1 管 理 体 制

1. 明确管理单位的任务、收益情况、明确管理单位的性质、权限和义务。
2. 根据管理工程项目的特点、规模、管理单位性质设置管理机构、人员编制，职责的权利。

11.2 制定管理法律法规和宣传教育

1. 政府针对海绵城市建设工程的重要程度，制定相应的管理条例。
1. 对市民和管理人员进行强化法制意识、防灾减灾的教育，加强社会监督，保障海绵城市基础建设各项设施，不被损坏。

11.3 防灾应急和预警

1. 强化应急管理，制定相关应急预案、健全应急处置的技防、物防、人防措施，建立应急抢险队伍和应急储备机制。
2. 健全暴雨、雨情、水情、洪涝预警预防和信息发布，加强市民防洪避险及时自救意识。

11.4 强化项目运行管理和监测

1. 强化海绵城市工程项目运行管理。做好项目运行管理和优化调度，利用现代科技和信息化等手段，加强海绵城市各类措施协调调度，充分发挥综合效益。
2. 做好跟踪检测和评估考核。完善城市水文水资源和排水泵站等设施监测，加强对城市水循环系统的跟踪监测。

11.5 完善海绵城市建设措施的档案管理

1. 技术资料管理。技术管理部门应对海绵城市建设项目的图纸、规模大小、功能、街区位置等列卷归档，做好信息数据查询，便于项目及时管理。

2. 计算机地理信息系统管理。随着城市设施的不断完善，城市管网和水工构筑物的功能化和信息化技术发展，建立完整、准确的管理信息系统，可提高水系统的管理效率。质量和水平，是现代城市发展和管理的需求。

地理信息系统（GIS）是以收集、储存、管理、描述、分析地球表面及空间和地理分布有关的数据信息系统，具有四部分主要功能：信息获取与输入数据储存与管理、数据转换与分析和成果生成与输出。采用地理信息技术，可以使图形和数据之间的互相查询变得协调方便快捷，是市政设施信息化建设和管理的重要组成部分，也是海绵城市建设现代化管理水平的重要体现。

12　建立"海绵城市学科"的探讨

在我国，伴随着城镇化的迅速发展，建设用地不断扩张和高强度的人类活动，显著地改变了城市水文生态特征，导致城市洪涝灾害频发和水污染等雨洪管理问题。针对雨洪管理问题，我国学术界、工程界提出了"海绵城市"的技术路线来解决这些问题。本书梳理了近年来"海绵城市"建设的技术原理和技术实施产生的结果，意识到"海绵城市"建设技术仍处于起步和探索阶段，尚未形成完善统一的"海绵城市"的技术体系链，大部分还仅仅停留在海绵城市低影响开发技术措施的层面上。单一的海绵城市低影响开发技术理念，是不能完全地掌控城市雨洪管理，需要采用多种"海绵"技术措施实现雨洪管理，达到预期目标。

"海绵城市"不光是一个概念，它还是一个战略，是对城市发展方式的一种转变。它的科学价值主要在于，通过重构、修复和改善城市水循环系统，实现城市雨水"自然积存、自然渗透、自然净化"。

"海绵城市"是一个战略，"战略"是对城市雨水的全面谋划和指导，它包括城市治理雨水工程的全部，即"源头减排、雨水收排、排涝除险、超标应急"和防洪安全。所以不能把"海绵城市"概念停留在原始的"源头减排"的狭窄的低影响开发雨水措施上。为了适应城市快速持续发展需要，科学有效地管控洪涝灾害，遏制水环境恶化以及改善水资源利用的情境，应该适时扭转海绵城市仅仅停留在理念层面上徘徊的局势，站在海绵城市"治水"的高度，建立海绵城市体系，即海绵城市学科理论体系、工程体系和标准体系来管控城市雨洪问题。2017年我国东西南北中的强降雨造成的城市洪涝灾害，也再次凸显海绵城市建设管控雨洪的艰难性以及必须用科学、系统、全局的技术工程措施来实现。

总结多年来海绵城市建设实践和取得的成果，工程界和学术界的深入研究和探讨，对海绵城市内涵的认知，逐渐趋于共识，建立在多学科研究和协作基础上的海绵城市体系已经略现端倪。

（1）建立海绵城市学科必要性

2013年中央城镇化工作会议后，海绵城市建设纳入国家战略，针对雨水洪涝灾害，提出现代雨洪控制的工程技术措施，以达到"源头减排、雨水收排、排涝除险、超标应急"和城市防洪的战略目的。此后在国家政策，资金的引领和支持下，在我国掀起海绵城市建设的巨大热潮，住房和城乡建设部、水利部和财政部三部委分别于2015年和2016年以财政补贴方式先后确定第一批14个城市、第二批16个城市试点海绵城市建设，取得一些可借鉴、可复制的行之有效的技术成果。至今在全国范围内已有370个城市完成海绵城市专项规划，涉及建设面积10200km²，五年来30个试点海绵城市建成面积606km²。其中遂宁市通过海绵城市建设、修建排水沟、增大管道排水量、铺设透水路面将100mm降雨成灾涝水提高到降雨140mm不涝。

应该说，目前我国海绵城市建设正处于探索阶段，取得的一些经验也多在区域面积小尺度范围内，由于海绵城市建设涉及范围广、专业多，在发展的道路上还存在各种争论，而争论与融合是海绵城市建设良性发展的必由之路。求同存异，适时将共识的认知理顺归纳建立海绵城市学科，迎接指导海绵城市建设大发展，十分必要。

（2）海绵城市建设存在问题剖析

"海绵城市"是我国在 2012 年 4 月在《2012 低碳城市与区域发展科技论坛》中首次提出，起初海绵城市概念重点指低影响开发，即以源头分散措施和绿色基础设施管理城市雨水径流总量和径流面污染，维持场地开发前后水文特征不变。之后，随着我国海绵城市建设学术交流和实践，出现多种对海绵城市内涵的解读，将海绵城市内涵紧固在低影响开发和设计范围内，或外延扩大至涉水和不涉水多个专业和领域。

2014 年 10 月，住房和城乡建设部试行的《海绵城市建设指南-低影响开发雨水系统构建》（以下简称《指南》）中，定义海绵城市是指城市能够像海绵一样，在适应环境变化和应对自然灾害等方面具有良好的"弹性"，下雨时吸水、蓄水、渗水、净水，需要时将蓄存的水"释放"并加以利用。《指南》未能明确说明实现上述涵义的海绵城市建设的具体技术工程措施，却通篇介绍低影响开发的规划设计和工程措施，将海绵城市建设工程定型在低影响开发雨水系统构建措施上。其结论性意见是"海绵城市建设就是低影响开发和低影响设计"。然而低影响开发，能控制中小型降雨的径流量和面污染，不能实现对洪涝灾害的暴雨管控，但外界宣传为，海绵城市可告别城市涝灾"看海"，放大低影响开发为目标的海绵城市建设的雨洪管控作用。

学者、工程界广泛认为"海绵城市"的"海绵体"是以绿色植物为标志的"绿色基础设施或称"生态基础设施"的内涵。这些设施在海绵城市雨洪管理功能中，侧重发挥源头减排的雨洪调蓄，径流削减，水质保护，在城市建成区吸纳"大频率小强度的洪水"的调控；而管控"小频率大强度的洪水"还需"灰色市政管网"等基础设施和"绿色基础设施"共同来承担。因此，应将以绿色植物为标志的海绵城市建设理念转变为"灰"＋"绿"基础设施共同管控城市雨洪的"绿色雨水基础设施"的概念。从而使海绵城市建设与自然协同发展，和谐共进，可持续发展。

海绵城市规划建设应通过符合标准的工程设施和非工程设施管控雨洪，达到城市源头减排、雨水收排、排涝除险、超标应急和防洪安全的"治水"的总目标。这些"治水"的工程设施都是城市"绿色雨水基础设施"。绿色代表有益、自然、平安、和谐、宜居等美好环境氛围。

"绿色雨水基础设施"应是海绵城市雨洪管理的核心理论，是降雨事件和径流雨洪的自然和人工相结合的管理模式，研究城市如何平安接纳降雨，收排雨水，宣泄雨水，利用雨水，消除雨洪灾害，保护城市安全，有效解决城市面临雨洪灾害，使城市和雨水和谐相处。

2017 年我国强降雨造成的多地洪水和城市内涝灾害，损失严重，因此海绵城市建设的雨洪管理措施也应完善、强化。几年来，在海绵城市建设的基本理论和工程实践中，工程界、学术界尚无统一的认知，因为海绵城市建设涉及诸多管理部门和专业。管理部门有市政管理、水利管理、环境保护、气象管理等相互交叉，其涉及专业有城市规划、建筑学、给水排水、环境保护、水利工程、景观学、风景园林、水文地质、道路工程、气象学、水土保护和生态工程等。各专业有各自管理部门，工程设计标准和职责。如何把这些不同尺度、不同专业性质的工程项目进行组合和系统优化，界面恰当衔接，形成流程通畅有效的海绵城市雨洪管理系统还需共同努力。

海绵城市建设是个概念，是随着城镇化快速发展演化出的一个新领域，是在美国的"最佳管理措施"和"低影响开发"，澳大利亚的"水敏感城市设计"、英国的"可持续城市排水系统"等雨洪管理理论研究和实践基础上发展起来。而目前我国的海绵城市建设基础薄弱，表现在以下几个方面。

1）海绵城市建设基本理论研究不深入。研究绿色景观的说不清楚降雨、暴雨的规律；研究园林的对水质污染及处理缺乏知识，研究城市排水的对动植物净化机理缺少认识，研究水利的对绿色基础设施缺乏认知等。所以各专业之间没有对海绵城市建设有科学、合理的基础理论知识的认知。

2）对降雨总量控制、污染总量控制方法和指标、初期雨水径流规律、变量径流系数的确定尚缺乏足够的理论支撑，厘清这方面问题还有待深入研究。

3）水文水力模型技术方法，能够有效地评估城市排水系统能力，评估和展示不同重现期情况下城市内涝风险，科学地进行风险区别和管理优化规划方案设计，也是《城市排水（雨水）防涝综合规划编制大纲》要求的。这一国际上先进的新技术，在国内存在操作上的难点：一是缺少参数资料；二是多数专业技术人员还没有掌握模型操作技能；三是海绵城市建设的很多科学技术问题还在研究之中，存在一些不确定因素。所以对新型模型技术的应用和实践还需要深入。

4）面对海绵城市建设领域的快速发展和迫切需要，具有系统、扎实的城市管理理论基础和工程实践经验的技术人才非常缺乏。其原因是海绵城市建设是新的科学领域，现有教育还没有专门的学科门类培养专门从事海绵城市建设的人才。目前从事海绵城市建设、规划设计人员基本上是相关专业人员在实践中通过自学和参加学习活动，培训课程来弥补知识和经验的不足，还不具备海绵城市建设的坚实基础理论和专业技术知识，缺少规划设计的实际经验。

5）海绵城市规划建设，首先应明确解决城市实际存在问题有哪些：径流污染，雨水回收利用，水体黑臭，洪涝灾害防治，市政管网改造，防洪设施提标，生态环境建设等问题导向，把有限的资金投入到急需解决的主要问题，再循序渐进解决次要问题。多数情况下，需要综合解决问题，科学制定规划，建设目标和实施方案。

问题导向，是海绵城市建设的新区还是建成区都应针对具体问题，有什么问题，解决什么问题，既有"面子"还有"里子"。

6）海绵城市的建设工程应有标准控制。"标准"控制工程规模，工程质量，工程效果，工程投资，以及工程带来的社会效益、环境效益和经济效益。海绵城市建设的标准体系制定应是科学的、可操作的、可控制的、可达的；可测量地确认定量指标；可感观地确认定性指标。让社会各阶层能理解"花多少钱，办多大的事"。

（3）建立海绵城市学科的有利条件

1）国家支持城市建设迫切需要

党中央和国务院高度重视海绵城市建设，2015年10月，国务院办公厅颁布《关于推进海绵城市建设的指导意见》（国办发〔2015〕75号文件）；2017年3月5日在第十二届全国人民代表大会第五次会议《政府工作报告》提出推进海绵城市建设，使城市既有"面子",更有"里子"。显示从国家层面战略性推进我国海绵城市的建设方针,建成完善的"源头减排,雨水收排,排涝除险,超标应急"和防洪安全的城市排水体系。

2)试点城市的经验

几年来从已建成试点的海绵城市的案例中,以源头减排,内涝防治,黑臭水体的治理,热岛效应的缓解等方面,通过建筑小区,公园绿地,下沉式广场,透水铺装,景观湿地,河湖水系整治等绿色雨水基础设施有机结合的系统建设,形成吸纳、蓄渗和缓释作用,在局地有效吸纳"大频率小强度"降雨的径流量,涵养水源,缓解内涝,修复生态环境,体现海绵城市"海绵体"功能,已经取得海绵城市建设的一些实践经验。

3)有一些科研成果和工程界学术界初步共识

城市现代管理相关的研究和实践在我国已成果积累。许多科研工作者和工程技术人员在该领域做了大量的探索和实际工作,为海绵城市建设基础理论和工程实践提供了主要的科技储备和工程经验,虽然在工程界和学术界对海绵城市的内涵有诸多不同认识和争论,多表现在不同专业,不同角度,不同认知,不同目标和不同技术路线去阐释海绵城市。但对海绵城市建设管控雨洪的目标是一致的,所以经过几年的学术和工程实践的争论,还是逐步走向对海绵城市建设的共识:就是海绵城市建设就要建设和完善包括径流控制系统、城市雨水管渠系统,超标雨水径流排放系统以及城市水利防洪系统的城市雨水系统解决径流总量控制、径流峰值控制、径流污染控制和雨水资源利用等一系列城市雨水问题,进而为城市水生态,水安全,水环境,水资源提供必要的保障,这是海绵城市建设的核心和关键。

4)有相关专业成熟的理论和技术支撑

海绵城市建设是一个系统性很强的工程,它涉及许多现行的工程体系和学科的各个专业经过长期的建设和发展,都具有较高成熟的基础理论和专业技术知识,具有丰富的工程实践和指导工程建设的技术规程,所以海绵城市学科建设,依照海绵城市建设科学规律吸纳这些专业中符合海绵城市的科学发展的合理研究成果,形成海绵城市基础学科有机的体系,指导海绵城市建设人才培养和工程设计建设。

5)有先进的水文水力模型的计算机技术

水文水力模型计算机技术是海绵城市建设的重要技术保障。水文水力模型能对海绵城市的多目标角度,在不同研究尺度和规划层次上进行雨洪的径流、产流、汇流、径流污染、洪涝水势淹没的空间分布和大量而复杂的数据处理计算和模拟,科学地、快速地完成绿色雨水基础设施规划设计实施成果。

水文水力模型是探索和认识水循环和水文过程的重要手段,也是解决水文预报,水资源规划与管理、水文分析与计算等实际问题的有效工具,是海绵城市建设有效技术支撑。水文水力模型分为水文模型和水力模型。水文模型是通过采用系统分析的途径,将复杂的水的时空分布现象和过程概化给出的近似的科学模型。水力模型则可以模拟水体自身的复杂动力场,模拟水体与其他介质如河床、管壁以及泥沙、污染物之间的相互作用。适用于海绵城市水文水力模型,从文献资料看出有很多在模型规范化、软件化和商业化方面取得了丰硕的研究成果。

《海绵城市建设技术指南》和政府一些排水防涝文件都提出推荐采用水文水力模型模拟的方法进行水系统方案比选和优化。《室外排水设计规范》GB 50014—2006明确规定:

当汇水面积超过 $2km^2$ 时，采用数学模型法计算雨水设计流量。

随着海绵城市的深入发展，还需研发我国自行研制的水文水力模型，完善基础数据库，确定标准参数以及规范模型应用流程。还需要培养能掌握操作建模的技术人才，为海绵城市体系化增添技术支撑。

6）海绵城市建设的核心参数"暴雨强度"的统一

海绵城市针对的主题是对雨洪的管理，而我国绝大部分地区的雨洪都是由暴雨所形成的，因此可以利用暴雨径流关系推求雨洪总量，以达到雨洪管理目标。

推求雨洪总量的核心参数是暴雨强度公式。以往各地区、各专业部门的暴雨强度公式的编制方法采用年最大值法和年多个样法的统计选样不一样。其适用性和计算结果差异很大，暴露了许多问题和不足。通过近几年来学术的探讨和研究，认为采用年最大值选样法编制的暴雨强度公式，能够客观反映我国城市化过程中暴雨强度在空间分布上的变化规律。能在城市规划建设部门、水利部门、气象部门相统一，使三部门水文成果，城市排水的规划设计成果在重现期上、设计暴雨强度等标准上加强衔接。

住房和城乡建设部和中国气象局要求编制城市暴雨强度公式应符合水利水电工程，城市排水工程、建筑给水排水、公路排水等规范。为适应气候趋势性变化，保障城市安全，客观表达城市暴雨特征，提高城市排水工程规划设计的科学性，暴雨强度公式编制采用的年最大值法的基础资料年限至少需要 30 年以上。

年最大值选样法编制的暴雨强度公式，使不同重现期的标准设计海绵城市的排水工程系统从理论上解决衔接关系，保证了工程体系标准的统一性、契合性、有机性。

（4）海绵城市学科体系的构成

通过梳理的海绵城市体系构成，包括：海绵城市学科理论体系、海绵城市的工程体系和标准体系。其中：

学科理论体系包括：海绵城市建设基础理论、研究方法、标准参数选择、数学模型确定、设计计算与施工技术、相关专业的基础理论和技术知识等。

工程体系包括：源头减排技术措施、雨水收排工程、排涝除险工程、防洪安全保护、超标应急等工程措施和非工程措施。

标准体系包括：工程体系达到预期目标的标准和实施工程建设的技术标准、规范、规程。

（5）结语

创新驱动，科学引领，抓住机遇，这是有志于海绵城市建设的有识之士的共同认识。不忘初心，方得始终。为研究建立完善的绿色雨水基础设施的海绵城市建设理论和学科需要付出更多的努力。

参 考 文 献

[1] 徐海顺，蔡永立，赵兵，王浩. 城市新区海绵城市规划理论方法和实践. 中国建筑工业出版社，2016

[2] 章林伟等. 海绵城市建设典型案例. 中国建筑工业出版社，2017

[3] 住房和城市建设部. 海绵城市建设指南-低影响开发雨水系统构建（试行）. 中国建筑工业出版社，2015

[4] 俞孔坚等. 海绵城市-理论与实践. 中国建筑工业出版社，2016

[5] （美）斯考特·斯蓝尼，潘潇潇译. 海绵城市基础设施雨洪管理手册. 广西师范大学出版社，2017

[6] 伍业钢. 海绵城市设计：理念、技术、案例. 江苏凤凰科学技术出版社，2016

[7] 马洪涛，付征垚，王军. 大型城市排水防涝系统快速评估模型构建方法及其应用. 给水排水 2014 vol. 40 No. 9：39-42

[8] 刘翔. 城市水环境整治水体修复技术的发展与实践. 给水排水 2015 vol. 41 No. 5 1-5

[9] 李俊奇，王文亮. 基于多目标的城市雨水系统构建与展望. 给水排水 2015 vol. 41 No. 4 1-3

[10] 赵萍，周凌，王永. 浙江省《城镇防涝规划标准》编制实践与探索. 给水排水 vol. 41 No. 4 38-40

[11] 卢金锁，周晋梅. 西安市降雨模式变化及其对排水系统的影响. 给水排水 2015 vol. 41 No. 5 43-48

[12] 李霞，石宇亭，李国金. 基于SWMM和低影响开发模式的老城区雨水控制模拟研究. 给水排水 2015 vol. 41 No. 5 152-156

[13] 司马文卉，龚道孝. 城市蓝线规划协调分析. 给水排水 2015 vol. 41 No. 7 30-34

[14] 邓培德. 再论雨水道设计中数学模型法的应用. 给水排水 2015 vol. 41 No. 7 42-46

[15] 邵丹娜，邵尧明. 我国城市设计暴雨计算方法的创造和应用. 给水排水 2015 vol. 41 No. 8 29-32

[16] 马洪涛，周凌. 关于城市排水（雨水）防涝规划编制的思考. 给水排水 2015 vol. 41 No. 8 38-44

[17] 孟凡龙，朱晓媛，赵慧芳，刘思萌，王蕴杰，李二平，彭岳. 调蓄系统在雨水泵站升级改造中的优化设计. 给水排水 2015 vol. 41 No. 8 45-47

[18] 周玉文. 城市排水（雨水）防涝工程的系统架构. 给水排水 2015 vol. 41 No. 12 1-5

[19] 安关峰，王和平，刘奇骏等. 广州市排水管道检查与非开挖修复技术. 给水排水 2014 vol. 40 No. 1 97-101

[20] 王军，马洪涛. 城市排涝规划有关问题探讨. 给水排水 2014 vol. 40 No. 3 9-12

[21] 王永，赵萍，信昆仑. 温州市雨水专项规划编制过程思考. 给水排水 2014 vol. 40 No. 3 21-26

[22] 新版规范局部修订编制组. 2014版《室外排水设计规范》局部修订解读. 给水排水 2014 vol. 40 No. 4 7-11

[23] 郑克白，徐宏庆，康晓鹍等. 北京市《雨水控制与利用工程设计规范》解读. 给水排水 2014 vol. 40 No. 5 55-59

[24] 邓培德. 城市雨水道设计洪峰径流系法研究及数学模型法探讨. 给水排水 2014 vol. 40 No. 5 108-112

[25] 谢映霞. 排水防涝 重任在肩. 给水排水 2014 vol. 40 No. 6 1-3

[26] 高学珑. 城市排涝标准与排水标准衔接的探讨. 给水排水 2014 vol. 40 No. 6 18-20

[27] 李小静，李俊奇，王文亮. 美国雨水管理标准剖析及其对我国的启示. 给水排水 2014 vol. 40 No. 6 119-123

[28] 朋四海，黄俊杰，李田. 过滤性生物滞留池径流污染控制效果研究. 给水排水 2014 vol. 40 No. 6

38-42

[29] 严煦世，刘逐庆. 给水排水管网系统. 中国建筑工业出版社 2002

[30] 车伍，赵杨，李俊奇，王文亮，王建龙，王思思，宫永伟. 2015 海绵城市建设指南解读之基本概念与综合目标. 中国给水排水 2015 年第 8 期

[31] 车伍，武彦杰，杨正，闫攀，赵杨. 海绵城市建设指南解读之城市雨洪调蓄系统的合理构建. 中国给水排水 2015 年第 8 期

[32] 王磊磊，贺晓红，吕永鹏. 城市感潮河网应对内涝水位控制可行性研究. 给水排水 vol.41 No.1 26-28

[33] 邓培德. 论城市雨水道设计中数学模型法的应用. 给水排水 2015 vol.41 No.1 108-112

[34] 仇保兴. 海绵城市（LID）的内涵、途径与展望. 给水排水 2015 vol.41 No.3 1-7

[35] 王乾勋，赵树旗，周玉文等. 基于建模技术对城市排水防涝规划方案的探讨-以深圳沙头角片区为例. 给水排水 2015 vol.41 No.3 34-38

[36] 董欣，曾思育，陈吉宁. 可持续城市水环境系统规划设计方法与工具研究. 给水排水 vol.41 No.3 39-43

[37] 曾思育，董欣. 城市降雨径流污染控制技术的发展与实践. 给水排水 2015 vol.41 No.10 1-3

[38] 周玉文，赵树旗，王乾勋. 快速评估模型在排水防洪规划中的改进应用. 给水排水 vol.42 No.2 45-48

[39] 彭彤，盛政，赵冬泉，任智星，盛东虎. 基于 GIS 的城市排水防涝设施普查信息平台开发与应用. 给水排水 2016 vol.42 No.4 132-135

[40] 张辰. 上海市海绵城市建设指标体系研究. 给水排水 2016 vol.42 No.6 52-56

[41] 邹伟国. 城市黑臭水体挖源截污技术探讨. 给水排水 2016 vol.42 No.6 56-58

[42] 严飞. 海绵城市建设中水系规划设计的思考与措施 给水排水 2016 vol.42 No.6 54-56

[43] 张辰. 加强城镇排水管网规划建设管理保证高效安全运行. 给水排水 2016 vol.42 No.6 1-3

[44] 王虹，李昌志，李娜，俞茜. 绿色基础设施构建基本原则及灰色与绿色结合的案例分析. 给水排水 2016 vol.42 No.9 50-55

[45] 车伍，张伟. 海绵城市建设若干问题的理性思考. 给水排水 2016 vol.42 No.11 1-5

[46] 唐建国. 工欲解黑臭　必先治管道-《城市黑臭水体整治-排水口、管道及检查井治理技术指南》解读. 给水排水 2016 vol.42 No.12 1-3

[47] 赵华. 低影响开发雨水系统水质在海绵城市建设中的引导作用. 给水排水 2016 vol.42 No.10

[48] 邹寒，高月霞. 基于既有数据的年径流总量控制率与设计降雨量模型拟合方法研究. 给水排水 2017 vol.43 No.128-32

[49] 浦鹏，邵晰. 海绵城市场外径流控制措施资金来源及补偿机制的研究. 给水排水 2017 vol.43 No.1 49-53

[50] 杜晓丽，韩强，于振亚等. 海绵城市建设中生物滞留设施应用的若干问题分析. 给水排水 2017 vol.43 No.1 54-58

[51] 施萍，郭羽. 基于"生动、生态、生机"理念的海绵城市规划实践-以上海张家浜楔形绿地规划设计为例. 给水排水 2017（2）59-62

[52] 陶涛，颜合想，李树平等. 城市雨水管理模型关键问题探讨（一）——汇流模型. 给水排水 2017 vol.43 No.3 36-39

[53] 王春华，方适明，陈学良. 基于海绵城市建设理念的旧小区排涝治理实践. 给水排水 2017 vol.43 No.3 45-47

[54] 仇付国，卢超，代一帆等. 改良雨水生物滞留系统除污效果及基质中磷的形态分布研究. 给水排水 2017 vol.43 No.3 48-54

[55] 万英，盖鑫．基于海绵城市建设理念的城市易涝点整治案例．给水排水 2017 vol. 43 No. 3 55-58

[56] 马越，姬国强，石战航等．西咸新区沣西新城秦皇大道低影响开发雨水系统改造．给水排水 2017 vol. 43 No. 3 59-67

[57] 李俊奇，王耀堂，王文亮等．城市道路用于大排水系统的规划设计方法与案例．给水排水 2017 vol. 43 No. 4 18-24

[58] 聂俊美，邹伟国．城市黑臭水体的功能恢复与水质改善案例分析．给水排水 2017 vol. 43 No. 4 34-36

[59] 尹文超，赵昕，王宝贞．城市水环境改善坚持走创新绿色生态之路．给水排水 2017 vol. 43 No. 4 41-49

[60] 邓康，蔡俊，胡松．城市广场"海绵化"设计案例——以南昌市新建区心怡广场改造为例．给水排水 2017 vol. 43 No. 4 50-54

[61] 强萍，郭羽．平原河网地区海绵城市规划方案探索．给水排水 vol. 43 No. 4 62-66

[62] 赵冬泉，陈吉宁，王皓正，王浩等．芝加哥降雨过程线模型在排水系统模拟中的应用．给水排水（增刊）2008 6-8

[63] 谢映霞．中国的海绵城市建设：整体思路与政策建议．网易财经 2016.12.13

[64] 张伟，车伍．海绵城市建设内涵与多视角解析．散文网"中国给水排水"2016

[65] 谢映霞．贯彻生态理念建设海绵城市．新华网 2016.9.23

[66] 章林伟．海绵城市建设概论，给水排水 2015 vol. 41 No. 6 1-7

[67] 章林伟．海绵城市是城市建设的理念和方向　北极星节能环保网 2016.1.13

[68] 任梦娇，唐梦丹，沈浩．浅谈城市黑臭河水体成因和治理技术．西南给排水 2017 vol. 39 No. 3 10-13

[69] 崔长起．海绵城市建设阐释．西南给排水 2017 vol. 39 No. 3　1-4

[70] 杨少林，孟菁玲．浅谈生态修复的含义及其实施配套措施．中国土木保持 2004 年第 10 期

[71] 钱江华．水生植物对水体污染物的清除及其应用．河北农业科学 2008　12（10）73-74，77

[72] 渠烨．水生植物对污染物的清除及其应用　百度文库 2013.10.31

[73] 庞熙．排污口群污染物控制排放量与削减量的计算．人民珠江 2006 年第三期

[74] 国务院办公厅关于做好城市排水防涝设施建设工作的通知　国办发（2013）23 号 2013.3.25

[75] 住房和城乡建设部．城市排水（雨水）防涝综合规划编制大纲（建城（2013）98 号）

[76] 深圳市城市规划设计研究院．对海绵城市专项规划的若干认识．2016

[77] 财政部，住房和城乡建设部，水利部．关于开展 2016 年中央财政支持海绵城市建设试点工作的通知．财办建（2016）25 号 2016.2.25

[78] 国务院办公厅关于加强城市地下管线建设管理的指导意见．国办发（2014）27 号 2014.6.3

[79] 中共中央国务院关于进一步加强城市规划建设管理工作的若干意见．（2016 年 2 月 6 日）

[80] 国务院关于印发水污染防治行动计划的通知．国发（2015）17 号 2015.4.2

[81] 中华人民共和国国务院令第 641 号城镇排水与污水处理条例．2014.1.1

[82] 国务院关于加强城市基础设施建设的意见．国发（2013）36 号 2013.9.6

[83] 住房和城市建设部．海绵城市专项规划编制暂行规定．2016.3.11　中国水网

[84] 住房和城市建设部办公厅关于印发海绵城市建设绩效评价与考核办法（试行）的通知．2015.7.10

[85] 住房和城乡建设部，环境保护部关于印发城市黑臭水体整治工作指南的通知．建城（2015）130 号 2015.8.28

[86] 住房和城乡建设部国家发展改革委．全国城市市政基础设施建设"十三五"规划．2017.5

[87] 国务院办公厅关于推进海绵城市建设的指导意见　国办发（2015）75 号 2015.10.11

[88] 国务院公报 2014 年第 9 号　中共中央　国务院印发《国家新型城镇化规划（2014-2020 年）》

［89］ 给水排水设计手册第 5 册城市排水．中国建筑工业出版社，1986

［90］ 给水排水设计手册　第 7 册城市防洪．中国建筑工业出版社，1986

［91］ GB 50201—2014．防洪标准

［92］ GB 51079—2016 城市防洪规划规范

［93］ GB/T 50805—2012 城市防洪工程设计规范

［94］ GB 50015—2003 建筑给水排水设计规范

［95］ GB 50400—2016 建筑与小区雨水控制与利用工程技术规范

［96］ GB 50318—2017 城市排水工程规划规范

［97］ GB/T 51187—2016 城市排水防涝设施数据采集与维护技术规范

［98］ GB 51174—2017 城镇雨水调蓄工程技术规范

［99］ GB 51222—2017 城镇内涝防治技术规范

［100］ GB 50014—2014 室外排水设计规范

［101］ 李俊奇，王文亮．基于多目标的城市雨水系统构建与展望　给水排水 vol.41 No.4　1-3

［102］ 徐宗学等．水文模型．科学出版社，2017.2

［103］ 许为临，杨永全，邓军．水力学数学模型．科学出版社，2017.1

［104］ 蔡凌豪．适用于"海绵城市"的水文水力模型概述．道客巴巴 2016.2.5

［105］ 住房和城乡建设部，中国气象局．城市暴雨强度公式编制和设计暴雨雨型确定技术导则．2014.4. 附件 2

［106］ 中华人民共和国国家标准《绿色建筑评价标准》GB/T 50378—2014.9